U0596838

我们现在怎样做母亲

Empowering Motherhood

母亲角色与人生意义感

杨金鑫　著

中国出版集团 东方出版中心

图书在版编目（CIP）数据

我们现在怎样做母亲 / 杨金鑫著. － 上海：东方
出版中心, 2024.1
　　ISBN 978- 7- 5473- 2291- 8

　Ⅰ.①我… Ⅱ.①杨… Ⅲ.①女性心理学－通俗读物
Ⅳ.①B844.5- 49

　　中国国家版本馆CIP数据核字（2023）第223356号

我们现在怎样做母亲

著　　者　杨金鑫
筹　　划　刘佩英
责任编辑　沈　敏
封面设计　钟　颖

出 版 人　陈义望
出版发行　东方出版中心
地　　址　上海市仙霞路345号
邮政编码　200336
电　　话　021- 62417400
印 刷 者　上海万卷印刷股份有限公司

开　　本　890mm×1240mm　1/32
印　　张　9.125
字　　数　143千字
版　　次　2024年1月第1版
印　　次　2024年1月第1次印刷
定　　价　68.00元

序

　　杨金鑫博士和她的朋友带酒来我家，我们吃酒聊天，然后她说她写了一本书，要我写个序。

　　吃了人家嘴软，看来得写。

　　其实，我和杨金鑫是多年的朋友，若她看得上我，不吃酒我也得写。何况又吃了酒。

　　我知道她的见识，她写的书，一定不会辜负读者。让我写序，那是她给我面子。

　　杨金鑫原先是我的同事，我在上海电视大学，她是上海教育电视台的一级导演，我们属于一个集团——上海远程教育集团。但毕竟不在一个部门，工作性质差距很大，所以当时联系不多。后来她离开电视台，进入影视行业，我们的联系反而多了，常常在一起吃吃喝喝聊聊，还一起参加一些活动。在一次有关旅游文化经济的大型会议上，各种各类各色专家教授，朝堂庙堂江湖野生的，轮番上台，人人自谓握灵蛇之珠，家家自谓抱荆山之玉，几乎摩肩接踵又咳吐成雨。她靠后上场，隐几而坐，侃侃而谈，容貌昳丽而字字珠玑，神态自若而句句真言，台下一众大佬本来或交头接耳，或低头刷屏，或委顿怠懒，此刻都焕然一新，聚精而会神，又聆听而失神——杨金鑫以她的见解和洞察力，以及逻辑清晰的表达力，洒脱不拘的台风，让这些经济、金融、旅游、文化的专家们黯然失色。我讶然平时和我们在一起嘻嘻哈哈、谦逊内敛的她，在台上竟然如此自信自在，言必有中。事后一想，其实这也是情理之中：她读书多，善思考，明事理，通人性。学问至此，本就俯瞰世间诸般事务，谈一点旅游文化和旅游经济，不似沧海而倾一瓢、九牛而遗一毛？

现在，她放在我案几上的，是这本《我们现在怎样做母亲》。我几乎是带着强烈的期待来读的。我知道，以她的哲学、心理学、社会学、传播学和教育学的功底，一定又可以超拔同侪，超越市面上那些谈教育的诸多同类著作，而自有一番奇峰峥嵘。

从严格意义上说，杨金鑫不是现在市场上的什么"儿童教育""家庭教育""亲子教育"专家。太多的这类专家，其实就是"圣母婊"（我曾说现在很多网红类教育专家都是"圣母婊"冒充的），他们往往不能看到问题的本质和本质的问题，更不能提供真切有用的方法路径，只用他们所谓的"爱心"——那种"滥好人"才有的、泛滥成灾的、无原则、无是非、无底线、无差别的所谓的"爱"，包打一切：孩子学习成绩不好怎么办？用爱来激励他；孩子不听话怎么办？用爱来感化他；孩子不爱读书怎么办？用爱来引领他；孩子叛逆怎么办？用爱来柔化他……总之，要和颜悦色，要循循善诱，要晓之以理，要动之以情，"爱"，就是这些伪专家解决一切教育问题的"银样镴枪头"。他们就是这样毫无用处，你还不能说他们不对——爱，能不对吗？老实说，对这类书，我已经厌倦了。

以"母亲"为主题的书，太容易陷入这种泥潭了，太容易写成"母爱鸡汤"了，太容易写成"一切都对却对一切都错"的废话书了。但是，杨金鑫的审美高度和学术深度使她从根本上就杜绝了这种可能——写那样的文字，她已经不是那个"软件系统"了，不是那种话语方式了。她是用"思想"来直面教育，而她关注的，恰恰是教育思想，是教育中的"思想"。她当然关注教育中出现的种种问题和现象，但她的目标，则是透过这些现象，抽丝剥茧，层层掘进，让我们看到真问题，并用"思想"去照亮这些问题。她对世事的洞察、客观冷静的分析、严密的逻辑化表达，使这本书超越了那些所谓情感类、教育类书籍，让人觉得这是一部严谨的社会学著作——确实，它就是一本根植于社会学的教育学著作。

我曾经说过，人类教育史上那些对教育的真知灼见，大多不是出自"教育家"，而是出自思想家、哲学家。像孔子、苏格拉底这样的人，他们对教育的深刻阐释和理解，其实不是因为他们是身体力行的教育家，而是因为他们是思虑深刻的思想家。杨金鑫其实没有从事过一线的教育，不是教师身份，她谈教育，不是依赖经验，而是依赖对人性的洞见和对社会的洞察。教育，离不开对人性的把握；教育，就是对人性的依循。

其实，教育的真问题，不外乎两点。

第一，教育的目的，是训练"人力"，还是养育"人心"？是使人成为一个功能性存在，还是努力避免人的工具化命运，使人成为主体性存在？孔子讲"君子不器"，庄子讲"大木不才"，《学记》讲"大德不官"，不从这样的角度看教育，永远都是隔靴搔痒，而且会把教育功利化，把人功能化，这就不是教育，而是训练，甚至是驯化了。

第二，最根本的教育手段，从来都不是技术，而是心性。至少都是根植于人类心性。一切有为法，都是梦幻泡影，无心性，不教育。

杨金鑫这本《我们现在怎样做母亲》，提出了十种母亲身上本来就具有但可能还未被发现的"母之力"，共情力、表达力、软实力、自我赋值能力……引领每位母亲都成为有力量的母亲。她不是提供给母亲们育儿技巧，而是打开母亲的心性智慧。所以，与其说杨金鑫这本书是一本讲母亲如何教育孩子成长的书，不如说是教母亲自己成长、自我发现、自我成就的书，是让母亲做身心健康女性的书，是女子在母亲的角色中得到新的自我赋值、获得母亲的本质、获得更高人生意义感的书。从这个意义上说，杨金鑫所要表达的是，在母子关系中，不仅是母亲赋予孩子人生教导，更是孩子赋予母亲新的生命。母子关系的产生，促成了母子的双向成就。

愿母亲们都能看到这本书。

鲍鹏山

2023 年 10 月于偏安斋

目　录

前言

写给母亲的情书

——诚实地爱自己，是人生的初恋

2023年10月9日，诺贝尔经济学奖授予了美国经济学家克劳迪娅·戈尔丁（Claudia Goldin），获奖理由为表彰其"推进了我们对女性劳动力市场结果的理解"。克劳迪娅·戈尔丁利用200多年的数据来展示——虽然历史上男女之间的薪酬差距可以用教育和职业选择的差异来解释，但当今社会，这种差距主要存在于从事同一职业的男性和女性之间，且随着第一个孩子的出生而出现。对成为母亲的女性劳动力的关注，也是她研究的重要内容。在经济学界，探讨性别、妇女的公平问题往往被认为是非主流议题，诺奖对克劳迪娅·戈尔丁的肯定，昭示相关议题的研究已经成为世界前沿理论和实践问题。

1928年，10月。秋意正浓。英国剑桥大学的两个女子学院——纽汉姆学院和格顿学院——举行了一场以"女性与写作"为主题的演讲，演讲者是弗吉尼亚·伍尔夫（Virginia Woolf）。

在我们的想象中，这一定是一场盛况空前的演讲——台上是著名的女作家，台下是能够进入高等学府的、极为少数的、金字塔尖的女性，讨论的是关于女性与写作的话题——用今天的话说，肯定火花四溅、金句频出。但后世为伍尔夫作传的人记录：对这场演讲有印象的听众寥寥无几。一位学生依稀记得当时心中颇感失望；另一位则因为室内光线昏暗，加之伍尔夫的声音悦耳动听，整个演讲她从头睡到尾。而在伍尔夫的日记里，对这次演讲的感受也颇为复杂："我感觉自己上了年纪，已经定型。她们中没人尊重我。每个人都十分热切、十分自我，大概也并不敬畏岁数、声望。敬重之类的情感少得可怜。"

或许是因为没有得到她期待的回应，又或者是她觉得关于这个话题，她还没有作出足够充分的表达。剑桥演讲几个月后，卧病的伍尔夫迸发了不可遏制的创作冲动，短短一个月就完成了当时畅销、后世长销的《一间自己的房间》（*A Room of One's Own*）的初稿。在书中，她对复杂世界高度浓缩，提出了简洁直观的核心论点："假如女性要写小说、要写诗，就必须一年要有五百英镑的进账，还要有一间自己的房间，附锁。"

写小说或者写诗，可以看作女性想去做、去创造的任何事情，其需要的前提是："五百英镑"，是经济的独立；"一间自己的房间，附锁"，是思想的自由和行为的不被指点、打扰。

这无疑是一个具有时空穿透力的论断，仿佛是一盏恒定发光的明灯，但同时，伍尔夫找到并且点亮这盏灯的智识跋涉则更为引人入胜。在书中，她假托"我"就是"玛丽·贝顿"或者其他任何的名字，要去一个化名为"芬瀚"的学院去演讲。"我"走在草坪步道上，司铎现身制止——女性应该走碎石子步道；"我"去图书馆借书，一位满头银发、慈祥和蔼的绅士用低沉的声音含着歉意告诉"我"，女士们只有在一名校务委员会委员的陪同之下，或在持有介绍信的情况之下，才能被准许进入图书馆。

这，是伍尔夫在这本书中思考、跋涉的起点。

在被制度和观念束缚的时候，我们通常会怎么做？是不是会立即为踏入草坪步道的行为认错？是不是赶紧去找校务委员会委员陪同或者去开介绍信，再进入图书馆？

伍尔夫没有认错，没有去开介绍信。相反，她在问，是不是这些规约错了——当观念和制度被认为是"自然而然"的时候，受伤害的责任，要么被归置在抽象的东西上，要么由受害者本人承担。从这里出发，她指出了不平等，也毫不留情地指出了女性自身的写作局限。

在我的这本小书的前言里，用如此长的篇幅记述经典文本的经纬蹊径，确有蚊蝇意欲攀附骥尾之嫌。但在写作这本关于母亲的书的过程中，并非伍尔夫的论点，而是她点亮明灯的过程启发并且引导了我的思考。

当妈太难了。现今，女性自我成长都跌跌撞撞、亦步亦趋，成为母亲，又落入了一个"拼妈"的时代。很多研究报告和统计数据都显示，母亲在家务劳动和家庭教育中花费的时间，远远多于父亲。在教育内卷的赛道上，更多时候冲在最前面的是母亲。北京有"海淀妈妈"，纽约有"上东区妈妈"，首尔有"天空妈妈"，寰球同此凉热。走出家庭，在母亲的角色身份之外，自我成就的渴望常常遭遇职场对母亲的隐性歧视。母亲要保持良好外在形象做"辣妈"，要在事业上有所作为，要情绪稳定、无怨无悔地对孩子和家庭付出，要能一个人带领起一个团队规划和实施对孩子的教育，因为"为母则刚"，你不刚，就不是合格的母亲。

以色列学者奥娜·多纳特（Orna Donath）以"后悔成为母亲"为主题撰写了《成为母亲的选择》（*Regretting Motherhood*）。其实，书名直译过来是"后悔的母亲"，英文版的书名更为匹配她所书写的内容，中文版的书名规避掉了冒犯，也磨损了她的犀利。在重点采访23位母亲之前，她进行了大量访谈，第一个问题就是：你后悔成为母亲吗？很多母亲都非常震惊：啊，这是一个可以讨论的问题吗？我们不是一直听到"你绝对会后悔没有生孩子"这样的论断吗？成为母亲之后，母亲是一个多么神圣而伟大的称谓！说后悔？这是不是亵渎了母性和母爱？但当被告知诚实地面对自己，任何感受都可以言说时，母亲们诉说了她们最为真实的生命体验。作者在书中总结道："我们的社会非常积极地将每一位身心健康的女性推向母亲身份，却坐视这些女性落入母亲特有的孤独和无力之中。"

那么，为什么当母亲这么难？我们应该怎么办？

认清现实，认清难从何来，才可能找到作为母亲最大程度的自由。然而，自由总有边界，这个边界是由时代、个体、身处的环境一起确定的阈限。即便才智、努力之于突破人生大限，永远力有不逮，我们也还要追问，所有阈值的上限在哪里？我们怎样才能突破这些天花板？在我们这一代，在此刻此地，我们可以向上顶一顶、向前走一步，而不是停在原地，或者退步。

母亲这个角色，指向的是"关系"。母亲，是因为由她孕育的孩子的降生而获得的崭新身份。在这个关系中，母亲一直与语言中最为美好的词语相链接——奉献、牺牲、宽容、坚强、勤劳、慈祥、温柔、体贴、和蔼、善良……这些词语也参与了对母亲的塑造——这个链接常常会形成一个可怕的三段论：母亲都是……的，你不够……，所以，你不配做母亲，不是好妈妈。相类似的处于"关系"中的角色还有老师，一位著名的语文教师曾经跟我说起，他对于用"蜡炬成灰泪始干"这类把自己烧成灰去照亮学生的比喻非常难以接受。师生之间为什么要搞得这么悲壮、惨兮兮？师者，传道授业解惑，也是教师自身软实力对于学生的影响和渗透。师生之间人格平等，因为教学相长，所以彼此给予、彼此成就。"老师"不必被任何比喻和形容词绑架，师，是名词，也是动词，是教、是学、是成长。"母亲"亦然，也可以是动词，是"爱"也是"立"，自立、独立。母亲和孩子，是"押韵"的关系，有相同的韵脚，却是不同的语音，各自响亮，彼此应和。

也因此，虽然这是一本以母亲的处境和应对为主题的书，但如果把母亲视作一个隐喻、一次决定、一个因为关系而拥有的角色，那么也可以说，这本书关注的是每一个在"关系"中困顿的人，怎样找到无力的原因并且获得力量。

这个人是母亲，是女人，也可以是每一个人。

这本书试图去戳破附加在母亲身上，也常常附加在所有人身上的很多的"貌似"——貌似自主选择成为的身份，貌似自主选择之后的必须承担，貌似理应具有的所有美德，貌似可以泯灭自我成就的角色，貌似目标清晰而非自我欺骗……

审视这些"貌似"之后呢？总还是要继续向前。故此，我还期待通过这本书搜索到母亲本来就有却不自知的那些能力，梳理知道自己拥有、可能还未全方位发挥出来的能力。如果试图打开母亲这个角色的所有密码，那么，我们尝试从这里开始——发现母亲的力量和掣肘，成为真正有力量的母亲。

这本小书，最初我是以"母之力"命名的。这个提法源自日语的"女子力"，即女性发挥自己作为女性的长处（如温婉、美丽、优雅、细致等），从而获得周围人青睐以及赢得自身成功的能力。日语的"女子力"成为流行词以后，传入中国，汉语开始有了"××力"的表达方式，比如：男友力、辣妈力、时尚力、淘宝力、呆萌力……指的是因为具有了某种身份或者擅长某种行为，所体现出来的特质、突出能力，而获得青睐和成功。

"母之力"有两层意思，一层意思是妈妈的力量，另一层意思，就是那些一想到妈妈就会浮现出来的妈妈身上的品质或能力。因此，"母之力"不仅仅是一种关于"妈妈的力量"的描述，更希望它可以成为一个概念化的表达——父权社会中，毋庸置疑，女性天然处于相对弱势的位置，选择成为母亲，又在相对不利的处境中扛起了一份责任和重担。"母之力"这个概念，指向的是在艰难中仍然进取，成就自己，也努力让家庭和社会变得更好；指向逆境中昂扬的生命状态和力量感；指向更强的共情力、表达力、意志力，更有魅力的软实力，更有爱的能力……

这本书，也是我写给母亲的情书——给母亲，也给即将成为母亲的女性。情书里，有这样一句话：这个世界不要欺骗母亲，别把她们当食物吞掉。

　　不要欺骗母亲，这句话的主语是整个社会，也是母亲自己。

　　诚实地面对自己，勇敢地击碎那些之于母亲的规训和建构，是获得力量的起点。

　　诚实地爱自己，是人生的初恋。

Chapter 1

母亲的角色价值——自我赋值的能力

勇敢地剔除外界的观念影响，警醒地反观自己的道路选择，

是每个女性一生的修炼。

没有什么事情是理所应当的，那个"理"是自主的思考和判断；

不要随波逐流，自己去造那个"波"。

作出自由选择，

是每一个人生而为"人"的独立人格和独特价值。

先有母亲，还是先有孩子

有一道脑筋急转弯题目：世界上，是先有母亲，还是先有孩子？

答案是，先有孩子！

因为，在孩子没有出生以前，并没有母亲。"她"还只是孕妇，不能被称为母亲。而怀孕之前，"她"就是一位女性，是孩子让一位女性变成了母亲。

母亲，是一个"关系"角色，获得关系角色，以与之相关联的角色的存在为前提和相互对照。母亲，是必须依靠她孕育出的生命才能被赋予的角色。

那么，一位女性，为什么要孕育一个新生命呢？

影星汤唯说：她觉得她的人生发展到了一个阶段，像是有个壳儿，无法被打破了，她要通过生一个孩子，将自己从内向外打破。

意大利作家埃莱娜·费兰特（Elena Ferrante）[1]专门撰文讲述她为什么想成为母亲：生育是女性的基本诉求，我们要牢牢把握我们女人的这个特征：孕育和生产新生命。孩子展示出女性身体伟大、无与伦比的创造力，我们生孩子不是为了任何人，不是为那些疯狂的父亲，不是为了国家、社会，也不是为了应对越来越残酷的人生。

因此，在她看来，怀孕、生育作为女性与生俱来的特征，在生理层面和隐喻层面都展示出女性"孕育"和"生产"的伟大力量。成为母亲，就是用自己的身体和生命去体验，关乎想成为母亲的"我"的自我欲望和选择，与他者无关。

清华大学的女科学家Y，生产一天之后，撑着孱弱的身体给孩子换尿布。她说，科学发展到今天，再高端智能的仪器，再先进的生物科技，相比孩子生命体的复杂、精巧、功能之高效，都是云泥之别。

《鲁豫有约》里，鲁豫采访张艾嘉，问她为什么在那么年轻就生了孩子，张艾嘉脱口而出："我一直喜欢小孩子，从很小的时候，就喜欢，他们那么可爱！所以，我想都没想过这个问题，我一定会生自己的孩子。"

　　身为母亲的大学教授X，对很多不想生育的年轻学者说，我们做多少研究、出多少本书、取得怎样的成就，都是可以预期的，跟努力、天赋和天时、地利有因果关系。但是，孩子，是不可预知的，没有逻辑关系的，他们是奇迹，超越我们现在做的所有事。

　　回答为什么会成为母亲，媒体人L说，没想那么多，年轻的时候，就是觉得一定会和一个相爱的人组成家庭，也一定会在这个家庭里于合适的时间生两个孩子。她的回答，很具有普遍性，很多女性，可以说绝大部分女性，在还没有体认"母亲"这个角色的意义之前，就"按部就班"地有了自己的孩子。

　　体认母亲这个角色的意义，是成为母亲的必需吗？"母亲"有着怎样的角色价值？

成为母亲，女性"可行能力"清单上的选项

　　从20世纪发端的女性主义浪潮发展到当下，男女平权、女性自主选择、女性潜能充分且自由发挥等观念，越来越深入人心。前现代社会中国女性的个体生命价值是不独立的，"夫为妻纲"，女性的价值服从于男性权威，以男性的要求为准则；"母凭

子贵"——女性因为养育了儿子，并且将儿子教育成才，才有个人评价的提升。在相当长的历史时期里，"相夫教子"是女性的职责所在，辅佐辅助丈夫的发展、教育子女是社会对于女性的期待。千百年来，这些外部期待强力"内化"成女性的自主选择，时至今日，即便人类社会已经摆脱前现代的桎梏，很多女性还是以此作为人生价值的追求，并且是不假思索的选择。当这样的选择变成女性内化的需求时，社会结构就可以免责——看！是她们自己的意愿啊，为什么阻挡一个女性就是心甘情愿并且甘之如饴地以"相夫教子"作为人生的目标和过程呢？

阿马蒂亚·森（Amartya Sen）[2]在解释理性选择时，提出了一个概念"可行能力"。一个人的可行能力，是此人有可能实现的、各种可能活动的组合。可行能力因此是一种自由，是实现各种可能、实现各种不同生活方式的自由。可行能力所涵盖的各种组合，反映一个人实际达到的成就，可行能力的集合可以看成一个清单，一个人的可行能力清单越长，他可选择的自由度越大。比如，一个衣食无忧的人选择节食和一个赤贫的人的挨饿，从实际客观效果看，都是在挨饿，但前者和后者具有不同的"可行能力清单"，前者可以选择不挨饿，或者即便挨饿，也吃得有营养且保障身体基本机能所需，而后者无从选择。

女性罗列出自己的"可行能力清单"，即开始了对自我价值的审视，也是作出理性选择的前提。繁衍后代的生物性能力，与女性通过学习、努力而获得的自我成就、自我实现的社会性能力，并行不悖。只有一位女性在众多的她可以选择的"可行能力清单"里，遵从自我的意愿，而非社会舆论的压力或者未经审视的盲从，勾选了"成为母亲""相夫教子"等选项，才是真正体现自由意志的选择。就如同，一个创造了巨大财富的企业家，终于在海风海鸥、阳光沙滩卜找到自己最想要的生活方式，而海边的渔人一直拥有这样的生活——不能因为他们最终呈现出相同的生活状态，而否定企业家对于社会财富积累的贡献和价值。而他的选择，是他认定的对他生命时间的最优使用。

可行能力，最初是用来分析和厘清社会发展中的政策决策过程，对于人的理性选择行为非常有启示性。"作选择"自身可以看作一种可贵的功能性活动，而且，可以合理地把在别无选择的情况下拥有X，与在还有很多其他可选事物的情况下拥有X区分开来。节食与被迫挨饿不是一回事，努力了一辈子最终选择沙滩阳光和没有能力走到更大的世界里，也不是一回事。在众多的可选项里，做出真正符合个人愿望的选择，才是最优解的人生。

著名妇产科医生林巧稚终身未婚未育，却成为"万婴之母"。舞蹈家杨丽萍为了舞蹈事业，也放弃了成为母亲。曾有记者问杨丽萍："作为女人，你没有想过要一个孩子吗？"杨丽萍微笑着说："孩子有多种含义，蚂蚁、树都有博大的感情，一棵树也是孩子，创造出来一个作品也是，所有美好的东西你都可以当作孩子一样去爱。"而日本影视歌三栖明星山口百惠于20世纪80年代，在她的事业如日中天之际，选择退出演艺界，走进家庭，以成为贤妻良母为一生的目标。几十年来，她淡出大众视野，放弃她作为妻子和母亲的角色之外的一切可行能力，坚定遵从自己在二十几岁年纪时作出的选择。如人饮水，冷暖自知。这些优秀的女性，没有组建家庭，没有自己的孩子，或者从聚光灯下闪退，从此不再拥有观众的欢呼和掌声，告别职业的荣誉感和成就感，是否也会遗憾？选择的另一面，就是放弃。越是精英、优秀的女性，在选择时的机会成本就越高，也同时因为机会成本的巨大而凸显出她们的选择之于她们人生的意义和价值。

成为母亲，女性的自由选择，而非理所当然的道路

当下的中国年轻人，到了一定的年龄，就开始被催婚，躲之不及。而过了30岁，又开始被催生，有了一胎，还被催着趁年轻赶紧生二胎、三胎。近几年，劝不生的声音也开始越来越大，家有学龄娃的父母亲，有时会劝退身边刚刚步入婚姻的朋友，还

是别生吧。

农耕时代"养儿防老"的观念，在今天已经不能成为劝生的理由了。随着社会分工的精细化、地区发展不均衡、不同地域对于特定人才的吸引力的不同，传统世代同堂的家庭结构被瓦解，进入21世纪20年代的父母比历史上各个时代都更早地面临空巢生活。一个家庭，父母和子女身处不同城市、不同国家的，越来越常见。在中国，生于20世纪60、70年代的人，更多地依赖社会福利、金融产品和养老机构规划布局自己的晚年生活，更遑论90年代以后出生的当下正处于育龄期的年轻人了。当"养儿防老"已经越来越没有现实意义时，劝生的理由也经不起推敲了——人活一世，总要有个孩子；不赶紧趁着年轻生，到年纪大了再生，体能会下降，孩子的遗传基因也不是最优状态，或者年纪上去了很难受孕，高龄产妇也有诸多危险和育儿的不便；现在犹豫，一拖再拖就可能生不出来了，到时候晚年凄凉更加后悔；上一代也会殷切地关心——现在我们年纪还不是特别大，能帮忙带孩子，再拖下去，我们体力也不行了，想帮忙也有心无力，那时候你们没个帮手，更加艰难。

反倒是，劝不生的似乎更有现实的考量。首先，是育儿成本。根据育娲人口研究在2022年2月发布的《中国生育成本报告》[3]显示，中国的生育成本相对于人均GDP倍数几乎是全球最高。2019年，全国家庭0—17岁孩子的养育成本平均为48.5万元；0岁至大学本科毕业的养育成本平均为62.7万元。养育成本的国际比较——把一个孩子抚养到刚年满18岁所花的成本相对于人均GDP的倍数，澳大利亚是2.08倍，法国是2.24倍，瑞典是2.91倍，德国是3.64倍，美国是4.11倍，日本是4.26倍，中国是6.9倍。

这还仅仅是金钱上的支出，养育过程也越来越有"军备竞赛"的架势，从选择好的幼儿园，到选学区房进入好的小学，再到小升初、中考、高考，一路拼杀。在这个过程中，还要培养孩子体育、艺术等方面的技能，时间和精力成本高昂。好不容易考入了大学，哪怕进了"985""211"，找工作又是难题。2022年，中国大学生毕业人数首次突破了1000万，受多重因素影响，就业形势异常严峻。再看一组数据：2022年度国家公务员考试报名过审人数首次突破200万，达到212.3万人，而计划招录3.12万人，即通过资格审查人数与录用计划数之比约为68∶1；2022年的研究生入学考试的报考人数也再次创纪录地达到475万人，录取率仅为24%。就业压力增大是报考人数增加的主要原因，经济增长率有所下降也是原因之一。据统计，当我国GDP增速放缓时，研究生报名人数增长率会提高，两者呈现负相关。尤其是受疫情影响的2020—2022年，各种原因导致用人单位新招人数大幅减少，继而导致考研人数大幅增加。除了考公务员或者考研以暂时延缓就业压力，能够进入"大厂"是当下年轻人就业的首选，可是，进入"大厂"后"996"的工作节奏也让很多年轻人不堪重负，选择放弃"内卷"、索性"躺平"的人生姿态，这是自嘲，恐怕也是向现实妥协。

这些可以明确看到的育儿道路和未来人生轨迹，让正值育龄的夫妻望而生畏，真的要生孩子吗？真的要陪孩子一起加入这样的人生战场，去一起步步为营、关关难过关关过？而这些育龄夫妇，大多在中国计划生育一胎政策时代出生，自己刚刚闯过读书、考试的关口，初入职场或者在职场中打拼几年暂时立稳脚跟，被裁员、被降薪像是暗处的"灰犀牛"，谁也无法预测它们会在什么时刻以什么样的方式到来。他们会用看似消极，实则戏谑、冷眼的方式对抗自己生命中的不确定性。同时作为独生子女，父母也逐渐淡出职场，到了容易生大病的年纪。在过往的时代，选择"不生"，以丁克家庭的形式存在，是需要勇气的；而今，选择"生"，似乎也同样需要足够的勇气。

女性是生育的生理承担者，十月怀胎、分娩的痛苦、喂养的过程，都靠女性面对。生育与否的选择过程中，女性理应拥有更大的主动性和决策权。用自己的身体，孕育一个崭新的生命，并且担负起未来的养育，是一个非常重大的责任，原本就不应该是一个不假思索就去做的事，而"理所当然"的"理"，究竟是什么？是以上罗列的"不生"的现实考量吗？是"劝生"的理由中的那些天经地义吗？

摆脱环境影响或者他人的敦促，自主自由地做选择，也许并不是最难的。更难的是，或者说更需要警惕的是，很多观念的影响和外部的需求，以女性自我并不自知的方式"内化"成——她们自以为是**自己作出了符合内在需求的决定**。历史上，一个比较极端的例子就是希特勒作为一个狂热的种族主义者，提出了"Lebensborn 计划"。Lebensborn 意为生命之源，计划的内容就是让德国少女与德国军人结合，不论感情只为生育，源源不断地创造纯种的雅利安军团。为达到这个目的，希特勒还曾组织过一次演讲大会，要求全国女子收听。在会上希特勒疯狂鼓吹雅利安血统是世界上最为高尚、纯洁的人种，并且在道德上也施加压力，要是到了法定年龄，少女仍怀不上德国军人的孩子，那么就会受到周围人的耻笑。希特勒极有煽动力的演讲，让成千上万德国少女为自己的血统自豪，也为能献身于这个计划而自豪。于是她们自愿并且引以为荣地走进了德国境内秘密建设的"生育农场"里，这些"农场"都由党卫军严密看管，配备了完善的医疗结构和检查体系，一个女孩子走进去就可以说不再是一个"人"，而是一个为国家生产兵源的生育"机器"。最可怕的是，这些少女中有很多人都认为加入这个计划，是她们作出的理性选择，而非他人的煽动或者强制的命令。

文学作品里，也有对女性内化"合理性决策"行为的书写。加拿大作家玛格丽特·阿特伍德（Margaret Atwood）的《使女的故事》[4]将故事发生发展的时空，放到未来世界的男性极权社会。彼时环境严重污染，人口出生率骤降，美国部分地区经历血腥革命后建立了男性极权社会，当权者实行一夫多妻制，女性被当作国有财产，有生育能力的女性称为"使女"，被迫作为统治阶级的生育工具。比这样的情境设计更为恐怖的是作品中的两类人，一类人是嬷嬷——企图用思想奴役别人却反被思想奴役的"真理信徒"，她们总是手持电棍残忍冷酷地实施鞭笞、火烧、剜眼、剁手、石刑、女性割礼，她们像是行走的刑具，随时准备把不服从的使女送入万劫不复的深渊。她们没有丈夫，不生育孩子，也不必参与社会劳动，存在的唯一价值就是训练改造使女，让她们自愿沦为男人的奴隶、生育的工具。她们虔诚、忠心，对自己所做的事，毫无怀疑，自认为神圣无比。另一类人，虽然不是主角，但被刻画得极为生动，她们是使女，却从内心认同这个罪恶的环境，以成为生育工具为自己最高的追求和荣耀。也正是她们的存在，凸显出具有自省意识和反抗行动的"使女"们女性觉醒的意义和价值，也同时增加了作品的厚度和现实意义。

德国历史中残忍、暴虐、荒诞的生育计划，"反乌托邦"的未来世界，很多女性自愿沦为行走的子宫，虽然给当下女性很多警示，但是，现代人往往处于"信息茧房"中而不自知。桑斯坦（Cass R. Sunstein）⁵在其提出的"信息茧房"（Information Cocoons）的概念中，解释了自身的先入之见的逐渐根深蒂固，对于决策判断之束缚。信息茧房，概括的是人们关注的信息领域会习惯性地被自己的兴趣所引导，从而将自己的生活禁锢于像蚕茧一般的"茧房"中的现象。互联网时代，伴随网络技术的发达和网络信息的剧增，人类能够在海量的信息中随意选择其关注的话题，完全可以根据自己的喜好定制报纸和杂志，每个人都拥有为自己量身定制一份个人日报（dailyme）的可能。这种"个人日报"式的信息选择行为会导致茧房的形成。当个人长期禁锢在自己所建构的信息茧房中，久而久之，个人生活会呈现一种定式化、程序化，沉浸在个人日报的满足中，失去了解不同事物的能力和接触机会。在个人制造信息茧房的同时，大数据的算法和推送，不断强化茧房的厚度和韧度。当一个女性开始去了解或者"朦胧"地接受了"一个女人不生孩子，生命是不完整的"这样的观念，相关的同类信息就会铺天盖地地向她涌来，文字、图片、视频都不断强化她的认知，而她身处信息茧房中，会对相关信息更加关注。同理，对"丁克"家庭产生兴趣的人，也会从主动地、无处设防地再到被动地卷入相关信息中，影响其重要的选择和判断。

可见，"自由选择"是多么艰难，也多么难能可贵。萨特的存在主义讲的就是自由选择。人在选择自己的行动时是绝对自由的。每个人都有各自的自由，面对各种环境，采取何种行动，如何采取行动，都可以作出"自由选择"。萨特认为，人在事物面前，如果不能按照个人意志作出"自由选择"，这种人就等于丢掉了个性，失去了"自我"，不能算是真正的存在。实现自由选择，人（Person）才能成为人（Man）。

发现自己，反观自身，对于女性成长之意义，体现在自我发展、自我创造的方方面面。勇敢地剔除外界的观念影响，警醒地反观自己的"自由意志"，是每个女性一生的修炼。没有什么事情是理所应当，那个"理"是自主的思考和判断；不要随波逐流，自己去造那个"波"；也没有什么天经地义，作出自由选择，是每一个人，其生而为"人"的独立人格和独特价值。

自由选择之后的困境和承担

48岁的林志玲，在2022年迎来了她的第一个孩子。产后复出，首次接受媒体采访，喜悦之余，坦陈了她初为人母的种种不适。她哽咽着表示，自己生下孩子之后，经历了人生低潮，为了照顾孩子，她每天都睡眠不足，只能用零碎的时间去做自己的事情，刚开始当妈妈时，她有点力不从心，再加上身体的改变没有复原，所有这些累积起来致使她心情低落，几乎到了产后抑郁的程度。

安·奥克利（Ann Oakley）[6]在她的著作《初为人母》中也讲述了她成为母亲后未曾预料到的沮丧和疲惫。她说："我的第一个孩子1967年出生，那时我22岁，已经本科毕业，做过各种小的研究，还写了尚未发表的两篇小说。我当时认为，成为母亲是我作为女人的天职。儿子16个月大时，我的大女儿也出生了。两个孩子都是那么可爱，他俩的到来，我的喜悦之情难以言表。但接下来的日子就不可避免地被洗尿布、吃药等烦心事罩上了阴霾。我很沮丧，也很压抑。我常常感觉很疲惫，且与世隔绝，我恨我丈夫如此自由自在，而我的人生仿佛到了头。吃那些药片并没有让我适应母亲角色。"

与以上这类产后抑郁相对应的是产前抑郁。产前抑郁根本上是人类面对失去的正常反应机制，这些"失去"包括身体受损，性生活减少，失去工作、地位，缺乏自主性和身份感。诸多学者的相关研究也提示健康护理领域的研究者、一线的工作人员以及每一位女性逐渐认识到：分娩作为人生大事，本质上让人倍感压力。

安·奥克利访问了七十余位在20世纪70年代生育孩子的母亲，很多受访者感觉到，她们当时受到误导，以为生孩子小菜一碟，生育就是铺满玫瑰的幸福温床。她们觉得，如果对即将面临的情况能有更清晰的认知，其实会更好。

可见，清晰地罗列出自我的"可行能力"清单、遵守了理性原则，也常常难以应对选择之后的困境。女性在成为母亲之前，对于怀孕、生产、最初的养育过程中，可能遇到的困难、必须克服的压力、身体心理产生的变化和社会角色受到冲击等现实问题，都需要有充分的认知，并且应提早规划以母亲自己和孩子为中心的支持系统。比如，林志玲提醒新手妈妈，遇上低潮时一定要寻求协助，不要觉得一个人可以扛过来，育儿这件事，没办法独自完成，希望新手妈妈要找到心灵支撑——她"抓"住了丈夫的手。她说，我们互相照顾，一路走来我们就像队友，他给我很多的支持，队友就是接力，没办法一起坐下来吃饭，就是你先吃或者我先吃。而安·奥克利则在自我感觉"与世隔绝"、丧失人生前进动力和能量的时候，开始尝试走出去，重新寻找自己的价值——"或许我可以，也应该去做点别的事情。我开始投身于我的博士论文和家庭主妇研究。几乎同时，我在我的研究领域认识两名女性，她们在建立一个女性自由的组织"，她加入了她们。

母亲角色意义的自我赋值

人类是感性和理性相结合的生命体，日常生活中，靠着本能、直觉和感性认知可以获得快乐。但，这远远不够，人类更需要"意义感"，意义感是"眼耳口鼻舌身意"的快感之上的，是可以获得长久快乐和心理支撑的基础，它是积极心理学中很重要的一个幸福概念，也是实现幸福快乐人生的一个重要途径。意义感包含着两层意思，一是理解，二是目标。

理解，就是去理解事情和事情之间有什么样的关系：我是谁？其他人又是谁？这个世界又是谁？我们和这个世界之间有什么样的关系？我们是从哪里来，到哪里去，我们人生中的一件事是怎样带来另一件事情的，它们之间的前因后果、来龙去脉是怎样的。

意义的第二层含义是目标，就是人生的追求、方向、使命和梦想。在理解自我和世界的关系之后，发现那些重要的事情。当人有一件很重要的事情要去实现的时候，身体是会给予信号，让人觉得有激情、有力量，觉得付出再多也是值得的。积极心理学学者迈克尔·斯戴格（Michael Steger）[7]曾经做过一个非常有意思的研究。2009年，他们追踪了一群老人在五年内的心理和健康状况，结果发现，随着年龄的增长，那些没有意义感的老年人相比有意义感的老年人，死亡风险高两倍多。在排除了抑郁、残疾、情绪波动等个体差异因素之后，意义感可以让这些老人的死亡风险降低57%。

意义感不是外界赋予的，而是自我理解并确定目标以后内生出来的力量。女性选择"成为母亲"的意义，也同样源于自我赋值。

成为母亲的**基本价值**，产生于人类的繁衍本能，实现生命体的基因传递和人类的代代不息。在很长的历史时期里，这是女性最高的人生任务。"不孝有三，无后为大"，如果女性无法生育孩子，会让丈夫陷入最大的不孝。在此基础上，成为母亲，具有**安全价值**。传统社会里，"养儿防老"是最基本的生活保障所带来的安全感。"母凭子贵"的年代，孩子的成就是母亲获得安全感和家庭地位的重要保障，这样落后的价值系统，在中国某些地区仍然时有发生。澳门赌王在"一夫多妻"制被废除之前迎娶多房太太，他们庞大家族的故事一度吸引了公众注意力。太太们生育孩子，尤其是生育男孩，决定女性家庭地位的同时也决定家族财富的分配。中国香港和澳门家族企业多，而家族企业的财富传承以血缘优先，所以，"某某富豪太太喜得贵子"，"某某少奶奶再添双胞胎，公公大喜，少爷巩固豪门继承地位"，也竟然可以成为新闻，吸引公众眼球。在女性个体自我价值没有得到充分体现的家庭里，养育孩子无疑是在家庭中获得安全感的重要来源。女性唯有在经济和精神上独立，才可能在成为母亲时，获得**建设价值**。一名女性作为独立的个体，平等地而非人身依附或者精神依附地与另一个独立的个体共同组建家庭，那么成为母亲的她，会和他者彼此有归属感，共同建设属于他们的完整生活空间。在这个过程中，建立亲密关系，并且以亲密关系为基础，实现良性互动，推动家庭中每个成员的进步和发展，母亲的角色具有人生的建设性意义。

与建设价值相对照的，是**自我突破的价值**，打破自己惯有的生活和思考的方式，所谓"从内向外打破自己的壳儿"，获得一种崭新的生活方式。孩子在母体中孕育，从合二为一，到彼此分离，剪断脐带，成为独立的个体。孩子在幼年时依赖母亲，女性原有的生命状态开始天翻地覆地改变。但同时，孩子成为母亲新生活中龙卷风的风眼，搅动一切的崭新变量，也给女性重新看待世界以一个儿童的视角，发现生活本质的简单和纯粹，感受不一样的惊喜和惊奇。唯有母亲，可以感受**创造奇迹的价值**。科学家的发明和发现是创造，艺术家、文学家的作品是创造，但这些都无法跟生命的奇迹相比。生命是从无到有，孩子从幼年到成年，每一天都发生着无法预知的变化，未来的成就、人性的闪光、平凡中的伟大，都是母亲可以感知的创造奇迹的价值。

母亲角色意义的自我赋值能力，可以让母亲看清和认定目标，并为达成这些目标，投入那些能够与目标和价值相吻合的事物上去。同时，也会清醒地反问自己："我现在做的事情是真的符合既定目标吗？"让自己一直做那些最有"意义"的事情，并且时常欣赏自己所拥有的禀赋和能力——保持着一种相辅相成的状态去过有"意义"的生活。

唯有爱，不问值得不值得

思考女性"可行能力"、自由选择等议题，固然帮助了女性获得承担责任的力量，用意义感去支撑母亲这个终身角色所遇到的种种难题和困境。毕竟，人生百年，唯经审视，才可能在有限的生命中，做最能让自己获得价值感的事情。但很多女性主义者也会自我反省，这样的思考，很大程度上，是精英女性的极度自负。女性独立，需要社会发展、观念更新、制度保障、教育均衡等因素的齐头并进，跳开这些外部因素来评价女性选择，是苛责也是傲慢。这类的反省和批评非常有道理，然而，自我赋值能力是在全社会共同改善女性的生存境遇的同时向内走，反观自身的价值和力量。这样的反观也同样有意义。

但，无论怎样的理性分析，都抵不过爱。爱是最大的力量。当女性深爱一个人，与他身体和精神完全交融，孕育爱的结晶，感受生命的奇迹；爱孩子，渴望有血缘相连的亲密关系，获得亲密关系对于人生的滋养，这本身就是无可估量的爱的意义感。"爱，就是不问值得不值得"，张爱玲豪掷十年时光写下《红楼梦》的研究著作《红楼梦魇》。从1950年代起，就一直改写《相见欢》等三个短篇小说，到最终收录到《惘然记》已经是1983年，她说："一点都不觉得这其间三十年的时间过去了。爱就是不问值得不值得。"

爱是情感，爱更是能力，爱需要付出和投入，这都与能力直接相关。有什么可以付出？才华、时间和精力必不可少。如何付出？是艺术也是技术。

故此，我们应搜索到母亲本来就有却不自知的那些能力，梳理知道自己拥有、可能还未全方位发挥出来的能力。如果意图破解母亲这个角色的所有密码，那么，尝试从这里开始——发现母亲的力量和掣肘，成为真正有力量的母亲。

注释：

1　埃莱娜·费兰特（Elena Ferrante），意大利作家，著有那不勒斯四部曲《我的天才女友》，以及《成年人的谎言生活》《暗处的女儿》等作品，《我的天才女友》被HBO改编拍摄为同名系列电视剧，在全球引发广泛关注和好评。

2　阿马蒂亚·森（Amartya Sen），出生于印度，在英国剑桥大学获得博士学位。1998 年获得诺贝尔经济学奖。

3　《中国生育成本报告》，育娲人口研究 2022 年 2 月发布。专家团队：梁建章、任泽平、黄文政、何亚福。

4　《使女的故事》，加拿大作家玛格丽特·阿特伍德（Margaret Atwood）1985 年出版的作品，2017 年起被改编成同名美剧，截至 2022 年，已经上映 5 季。多次获得金球奖、艾美奖 "最佳剧集" 奖项。

5　桑斯坦（Cass R. Sunstein），美国艺术与科学院院士，在 2006 年出版的著作《信息乌托邦》中提出 "信息茧房" 的概念。

6　安·奥克利（Ann Oakley），英国社会学家，长期从事性别、家务、分娩、身体社会学、女权主义的相关研究。1979 年出版《初为人母》。

7　迈克尔·斯戴格（Michael Steger），美国积极心理学家。从事积极心理学研究工作十余年。主要研究方向为 "过有意义的生活" 的基本理论和实际应用。同时，他因编制了得到广泛应用的《人生意义量表》而广为人知。

Chapter 2

体悟情绪价值——母亲的共情力

共情，是一个生命对另一个生命的接应，

接应住的是困境，是迷茫，是无助；

也可以是支持，是温暖，是力量。

经由共情，

方可抵达关于生命处境的所有诉说的回应。

来自母亲的情绪价值——那些与母亲有关的生命瞬间

公元796年，春，长安。

正是科举放榜的日子，一个男人迎来了他一生中在世俗眼光中最为巅峰的时刻——金榜题名，登进士第。他意气风发地写下"春风得意马蹄疾，一日看尽长安花"。何等欢欣、何等豪迈。鲜衣怒马，众人瞩目，在他眼中，整座长安城的花都为他绽放，都等待他去观赏照拂。这个男人的名字叫孟郊，这一年，他46岁。

"一日看尽长安花"以前的46年光阴，他曾经是贫苦的少年，性格孤僻；也曾是不走仕途经济之路、任意而为的青年——二十多岁时就在河南嵩山过起了隐居生活、行踪不定，三十多岁，正处于唐朝中后期的藩镇之变，从中原到江南目睹民生疾苦，醉心于与同道者诗词唱和。直到41岁，倏忽间已是中年，却一事无成。母亲鼓励他进京应进士试，无奈他连续两次落榜，直到第三次，他用了五年的时间，终于考取功名。那个春日以前，他为世俗所不接纳，生活困顿，遍尝冷眼冷遇，是一个彻头彻尾的"LOSER"（失意者），这也就不难理解，是怎样的压抑和愤懑才在终于扬眉吐气的时刻迸发出那样经典的诗句。之后，他被派到溧阳去做县尉，生活境遇终于得到了改善，他把母亲接到了家中。50岁那年，他为母亲写了一首诗，就是被吟诵千百年、深深镌刻在华夏儿女生命中的那首字浅情深的《游子吟》："慈母手中线，游子身上衣。临行密密缝，意恐迟迟归。谁言寸草心，报得三春晖。"一生中，颠沛流离、处处碰壁的时候，母亲是那个一回身就在的支持，是临行前，烛光下穿针引线的呵护，是远行时，殷殷期待的牵挂。母亲，是孟郊生命漂泊之船的锚，是一看见、一想起就安定的力量，是屡战屡败还能迎风撑起的帆。孟郊用笔书写出与母亲跨越时间和空间、无所不在的相望相依。《游子吟》作成十年以后，母亲去世，孟郊辞官。

日本导演是枝裕和[1]的电影《步履不停》里充满东亚生活质感的细节。影片中的二儿子和孟郊一样，人到中年落寞失意，在东京面临失业。这日，他带着新婚的妻子、妻子与前夫的孩子回海边探望父母。在家中，一生从医的父亲总是拿他和已故的各方面都非常优秀的哥哥作比较，让二儿子很是难堪。而母亲，背地里为二儿子的婚姻担心——为什么要找结过婚的女人呢，还带着一个儿子，也担心自己的儿子会被拿去跟儿媳死去的丈夫作比较，觉得儿子在比较中会很吃亏，"如果活着离婚的还好，至少是讨厌才离开的"，嘴上唠叨着，手上一直忙个不停，做工序繁复的各种传统美食，还贴心地给二儿子一家三口准备被褥和三套洗漱用品。吃饭的时候，再次说起过世的哥哥没能留下一个孩子，父亲一边哗啦啦地翻看着报纸，一边说，也好，他的妻子没有拖油瓶，她再嫁也不难。场面瞬间冰封，老父亲还浑然不觉，完全不顾及饭桌上新婚二儿媳的感受。母亲语气温和，像什么都没有发生，亲切地叫着儿媳妇的名字给她碗里夹食物，冰封的场面被暖化融解。二儿子见妻子脸上有所缓和，长舒一口气……就是这样一些细细碎碎的日常，母亲炸的松脆的天妇罗里的烟火气，在东京这样的大城市艰难打拼、偶尔返乡时恒温的怀抱，是即便不甘也毫无保留的理解包容，是尴尬褶皱的人生被熨平的刹那舒展，是很多东亚家庭中孩子和母亲共处的瞬间。

那些与母亲相关的生命瞬间里，获得的是正向的情绪价值。

情绪价值，最早是用在市场营销学中分析企业、产品和消费者之间的情绪关系的概念。情绪价值，指顾客感知的正向情绪体验（比如快乐、满足）和负向情绪体验（比如伤心、生气等）二者之间的差值。消费者接触或者购买某种产品，所带来的情绪价值越高，购买行为的发生频率、用户的黏性就越高。这个概念后来被广泛地运用到人际交往中，尤其是亲密关系的互动中，解释不同的沟通方式，给人带来的情绪、情感以至于行为的影响。

人际交往过程中，有一类人总是给人如沐春风的积极情绪，他们乐观、好奇、上进，与他们接触，会获得更高的亲密感、信任感和对关系的满意度，让人不由自主地想接近，还愿意创造条件去接近。反之，有的人总是眉头紧锁、怨天尤人或者暴躁不安，跟他们互动，会不知不觉也沾染很多负面的情绪。久而久之，大家都对他避之不及。前者就是高情绪价值的人，后者则情绪价值低。

具有高情绪价值的母亲，会让孩子温暖定心、不畏艰难，孩子即便遇到挫折，内心是坚定的，情绪也是饱满昂扬的，比如孟郊的母亲。但并不是每个母亲都有高情绪价值，2022年姚晨主演的电视剧《摇滚狂花》里，她饰演的是一位摇滚乐队的主唱，曾经红极一时，遭遇情感变故后远赴美国，留下6岁的女儿由前夫抚养，不料音乐事业在美国惨败，她独自漂泊落魄。12年后前夫过世，她不得不回国面对已经18岁的女儿。可以想象，多年来，关于母亲的记忆，在女儿心中已然越来越模糊，从最初的思念期待，逐渐变成只要一想到母亲，就会涌起怨恨、孤独、不安等负面情绪。果然，重逢后，带着对母亲的低情绪价值的女儿首先发难，而接收到低情绪价值的母亲反过来再次升级输出负向价值。于是，摩擦不断，撕裂到让人瞠目结舌——母亲宿醉，被女儿一盆水泼醒；女儿扔了老妈的行李，老妈就扔了女儿所有的衣服；老妈拿502胶水堵门锁，女儿就敢在老妈卧室里纵火；老妈找来一堆中介想卖掉女儿的房子分钱，女儿一时气不过，直接把老妈推下了河。

那么，怎样才能拥有高情绪价值？心理学提出——共情。

那些母亲给予的高情绪价值，都是基于共情的输出。

共情，是一个生命对另一个生命的接应

美国心理学家卡尔·罗杰斯（Carl Ransom Rogers）[2]，是人本主义心理学的代表人物，他主张的"以人为中心的治疗"体现着人本主义心理治疗的主要趋向。即如果给来访者提供一种最佳的心理环境或心理氛围，他们就会倾其所能，最大限度地自我理解，改变他们对自我和对他人的看法，产生自我指导行为，并最终达到心理健康的水平。共情（empathy）——就是在这个理论前提下提出来的——最大限度理解他人的共感、同理心，具体指基于对另一个人情绪状态或状况的理解所作出的情感反应，

这种情感反应等同或类似于他人正在体验的感受或可能体验的感受。

从词源的角度分析，共情"empathy"的前缀em-同im-，也就是in-，意思是"在里面"，path作为单词是"小路"，作为词根是"感情"，empathy本义是"在情感之中"，即进入相同的情感里，这个过程有路径"path"，找到合适的路径走进他人的情绪情感，并且产生相同或者相似的情绪情感，再基于这样的"同感"，作出对他人有正向助推、有建设意义的反馈，是一个生命对另一个生命的关爱与接应。其中，关爱—找到路径—产生同理心—作出有助益的反应，缺了任意一环，都无法完成共情。

亚瑟·乔拉米卡里（Arthur Ciaramicoli）[3]，曾经任职于哈佛大学医学院。作为一名临床心理学家，他所受的训练和实际的经验都告诉他，要对自己的情绪进行严格的控制，严密封锁自我感受，不向外界公布个人的私人生活。很多学者，都对个人感受的表达有极为清晰的边界。比如上野千鹤子[4]的说法就更为直接：我卖思想，但不贩卖感觉。

但是亚瑟·乔拉米卡里后来冲破了这个边界，向公众袒露了他的生活和他的内心。这个改变，发端于他27岁正在攻读心理学博士学位那年弟弟的自杀。亚瑟的弟弟曾经就读于耶鲁大学，但因为对学业并不感兴趣，没有毕业就离开了学校。为了向家人证明他也有勇气积极地生活，在20世纪70年代报名参加越南战争，却没能如愿。他于是开始跟高中和大学辍学的酗酒嗑药的同学混在一起，不久染上毒瘾。在不断地戒毒、复吸几个轮回之后，他给自己注射了致死剂量的海洛因，几个小时之后离世。哥哥亚瑟彻底迷失了，他日日夜夜都被一个问题纠缠，以哥哥的角色，也以一个取得了心理学硕士学位、正在攻读心理学博士学位专业人士的角色问自己：我当初应该做些什么来挽救他呢？

他回想起弟弟在自杀前曾打来电话，失去信心、沮丧无比的时候，弟弟对他说：我爱你。弟弟极少跟哥哥说这三个字，但当时亚瑟因为长久地处于气愤和不信任之中，家人的生活、自己的生活因为弟弟的戒毒屡次失败被搅得一团糟，听到弟弟说"我爱你"，他僵住了。他后来明白——弟弟是想知道自己也是被爱着的，对于弟弟最想听到、最重要的话，他迟疑了没能说出口，亚瑟后来无数次忏悔内疚，他当时应该说"我也爱你"。而在那一刻，他想的是弟弟一直自私幼稚，想的是作为一个成年人，弟弟应该为自己的行为负责，听到弟弟说"我爱你"，他强压住自己的不耐烦，告诉他要多考虑父母，事情都可以解决。多年以后，亚瑟用自己的经历，以一个心理学家的身份，阐发了"共情"的重要价值，"在他流血将死的时候，我却只给了他一个创可贴，我无视他的情绪，让他自己受苦"，期待可以提醒公众对于"共情"的重视。

接应到他人的情绪和情感的共情，是我们与生俱来的能力，是人类祖先馈赠，也是天赋——庇佑万物生息——可以说共情接近人类的本能。美国康涅狄格大学的心理学家罗斯·巴克（Ross Buck）和本森·金斯伯格（Benson Ginsburg）把共情定义为"一种基因中固有的进行沟通的原始能力"。共情是人类共通的"语言"，即使把由语音、语义、语法构成的语言拿走，人类还是可以通过眼神、面部肌肉的移动，以及手势相互的沟通，感知彼此的内心和灵魂的。儿童心理学家做过相关研究，新生儿能够对其他婴儿的哭泣声作出哭泣反应，也能对看护者的笑容、痛苦的表情产生相应的情绪反应。因而，心理学家认为这种共情的能力具有种系的遗传特征。孟子有"四端"说："恻隐之心，仁之端也；羞恶之心，义之端也；辞让之心，礼之端也；是非之心，智之端也。"端，发端，起始，其中的恻隐之心，就是"仁"的起点。"今人乍见孺子将入于井，皆有怵惕恻隐之心，非所以内交于孺子之父母也，非所以要誉于乡党朋友也，非恶其声而然也"，说的也是如果有人突然看见一个小孩要掉进井里面去了，必然会产生担心害怕同情的心理——这不是因为要想去和这孩子的父母拉关系，不是因为要想在乡邻朋友中博取声誉，也不是因为厌恶这孩子的哭叫声才产生这种惊惧同情的心理反应。

美国得克萨斯大学的心理学家威廉·伊克斯（William Ickes）在他的著作《共情的精准度》（*Empathic Accuracy*）中这样描述共情：共情可能是人类的头脑能做的第二伟大的事情，而最伟大的就是意识本身。

女性更有共情力，不是刻板印象而是确有其事

通常，相比较于男性，女性总会给人一种更加善解人意、更富有同情心、更有共情能力的印象。强调重视个体差异而非性别差异的人，倾向于认为不能过多地谈论性别差异，因为这样容易形成刻板印象，影响个体在可能路径上的发挥。的确，泛泛而谈基于性别而产生的差异，会忽视不同性别的个体后天努力的重要意义。对于共情的研究，近年来是认知神经科学、社会心理学、发展心理学，以及心理咨询与治疗等领域的热点话题。研究者们使用自我报告、行为观察、生理测量和演化建模等不同的方法和技术，均从不同侧面为共情的性别差异提供了证据——女性更具有共情力，并非刻板印象。

从生物学的角度看，共情的发生和维持与激素——睾丸酮和催产素，都有着密切的关系。有研究者通过羊膜穿刺技术测量了

胎儿的睾丸酮水平，发现胎儿的睾丸酮水平对其出生后的多种共情有关行为都有重要调节作用：胎儿睾丸酮水平和个体4岁时与共情相关的表现，有显著的负相关，这样的趋势在6—8岁孩子的类似测量中，也有体现。这表示，睾丸酮水平越高，共情能力越差。一些研究发现催产素能够促进共情，同时由于女性的催产素水平显著地高于男性，而睾丸酮水平男性高于女性，这都会导致女性从生理基础上相比男性会有更强的共情反应。

认知神经心理学对镜像神经系统的研究，为共情在神经机制层面提供了解释。镜像神经元最早发现于猕猴运动皮层前区的F5区和顶下叶的PF区，后来研究者在人类大脑的两个同源区域即额下回（IFG）和顶下小叶（IPL）也发现了镜像神经元。镜像神经元系统的工作原理是，无论亲自体验还是观察他人的情绪体验都会激活相似区域。脑电研究和神经解剖学研究，都得出了女性镜像神经元的灰质容量和反应速度高于男性的结论。

追溯到物种演化的层面，雌性和雄性个体在演化过程中会产生不同的劳动分工并形成不同的性别原型，女性的共情优势是因为共情的特质更加符合女性在演化中的原型。共情源于母婴之间的身体和情感的连接，更加敏锐地感知到幼崽需求才能更加成功地哺育后代。在人类和很多具有这种养育模式的物种中，雌性个体大多是幼崽的主要照顾者，演化的选择压力决定了女性的共情优势[5]。

诸多经研究印证的"女性具有共情优势"的结论，应该从建设性的角度去理解——共情对于人际互动，尤其是亲密关系的良性发展意义重大。因此，母亲应该了解自身优势，并且将优势发挥到家庭教育之中，对于父亲来说，更多地观察、感受和学习共情的发生规律就显得尤为必要。心理学家亚瑟，送别自杀的弟弟，从懊悔中逐渐站立起来，一生的学术研究和临床实践都围绕共情展开，帮助更多的人走出了心理困境。可见，共情，是可以学习的，依循正确的方法，共情力是可以提升的。

输出积极情绪价值：新鲜感、意义感、价值感

共情，是一个生命对另一个生命的接应，接应住的是困境，是迷茫，是无助，也可以是支持，是温暖，是力量，经由共情，方可抵达关于生命处境的所有诉说的回应。共情力强的人，对于负向的情绪价值，可以回馈的新奇、积极、乐观向上、激情饱满，是基于意义感和价值感的正向情绪价值——并且将回馈形成一个良性的情绪循环，长久地与他人共处于舒适且有创造力的状态。

亚里士多德对于哲学起源有一个经典论述：哲学起源于惊奇和闲暇。

"惊奇"，是对新事、新知的欣欣然，是于司空见惯、琐屑乏味之中发觉意外之喜。惊奇，是一种超功利的兴趣，具有精神上的超越性，它所激发的是一种纯粹的"爱"的追求。母亲孕育新生命，这本身就是一个"惊奇"的过程，孩子每天都有新的变化和成长，第一次行走，第一次说话，第一次叫"妈妈""爸爸"，都是充满惊奇的瞬间。从孩子看世界的视角，再一次重新打量这个熟悉的世界，重新找回那种陌生感带来的惊奇。这个过程本身就可以调动起身体机能、心理能量的最佳状态。因此，由己及人，优秀的母亲总能将自己**在惊奇状态可以获得能量**的人生体悟和生命经验有意识或无意识地传递到孩子身上，让他们在漫长的生命旅程中，自觉地或者直觉地以"惊奇"的姿态进入生活中。

"人生只若初见"的惊奇，在遇到新事物、新挑战、新知识的时候，会自然发生。更考验每一位母亲的是，如何在日复一日、充满着单调重复、平淡平凡的日常中找到"惊奇"。**升级感的自我强化**，是一个有效路径。

一位导演如果只是重复同类题材、相同投资规模、运用类似的技术手段完成作品，就很难得到职业的惊奇感和刺激感。题材的变化、运用的更多资金、吸纳更先进的技术手段，这三者只要其中一个维度有"升级感"，就有助于调动起创作的激情。比如，年近七旬的詹姆斯·卡梅隆（James Cameron）[6]在2009年完成《阿凡达1》之后，时隔13年在《阿凡达2》中将故事发生的背景从外太空搬到了神秘的深海，并且将最新的电影技术手段应用于其中，对电影的视听呈现做出了开创性的推动。一个职业经理人，通常是一个项目接一个项目地向前走，到了一定的阶段就会遇到瓶颈、进入平台期。如何突围？管理学中有一个"管理幅度"的概念，研究表明，一个人的管理幅度通常是7个人，超过7个人，就无法实现有效管理。这也就不难理解，虽然是做不同的项目，职业经理人带领有不同职能的7个人，随着时间的流逝，一方面越来越熟练，一方面也越来越没有新鲜感。导演的"升级感"源于作品的**横向组成维度**的提升，而针对职业经理人，根据管理学的研究，需要向下分层，7人经过历练，有了足够能力开拓新的战场，向下再管理7人，形成**纵向多层级**，从规模和业务线的拓展实现"升级感"。通过横向维度拓展和纵向分层延伸以获得升级感，值得母亲借鉴。

母亲自我强化升级感，抵御庸常生活的疲倦，激活生命状态，对孩子来说，是可感知的正向情绪价值。同时，尝试探索不同的方法，帮助孩子感知到"升级"，在新的高度上再度感受

"惊奇"，也是家庭教育中的必修课。孩子的情况各有不同，没有一个放之四海而皆准的方式，一个基本的原则是将升级感这个主观感受外化，变得直观，即可视、可听或者可量化。比如，一个学小提琴的孩子，从4岁开始练习，到了7岁，每天似乎还是对着乐谱咿咿呀呀，全无刚刚接触小提琴时的新鲜感，也似乎每天都在重复，开始厌烦。如果母亲能够把孩子刚刚开始学琴和现在的视频给他看，他会从中看到自己的变化和升级。这类阶段性小目标、小成果的对比，就是把"升级感"外化、直观的很有效的方式。

母亲输出正向的情绪价值，把握意义感和价值感，对孩子成长也至关重要。首先，**善于获得价值感**。《小王子》中有这样一句话："如果你想造一艘船，先不要雇人去收集木头，也不要给人分配任务，而是激发他们对海洋的渴望。"现在搜集的一草一木，现在付出的每一滴汗水和努力，都指向一个发源于内心的渴望和冲动。让这种渴望和冲动点燃孩子的内驱力，从内而外地激活孩子的潜能。同时，发现生活中的点滴细节所呈现的对孩子进步、发展的意义，体会心灵的欢喜，是母亲给予孩子最好的助推器。

其次，**适度"画饼"**。这个"饼"不是遥不可及的目标，而是跳一跳就可以触碰的成果，有了这个"饼"，就可以为当下的努力赋予意义。激励爱好写作的孩子写一篇文章，积极投稿并且发表；支持他画一幅满意的作品参加学校的，哪怕是班级的小型画展；协助他练习，进入学校的篮球队，再到走出学校奔赴校际的篮球比赛……"饼"可以切分，然后一块一块拿到手里，那么重复、单调、乏味的努力都会因此生出价值。

最后，还要**接受失败，姿态灵活**。寻找到符合孩子发展、恰如其分、量力之后可行的目标需要智慧，有一种被高估的行为叫作"坚持不放弃"，如果一个孩子的天赋并不在于科学创新的能力，而是人文学科的禀赋，执着于让他参加数理化的奥林匹克竞赛，或者一定要选择理工科，无论怎样都获得不了哪怕是微小成就的反馈，当下所有努力，在孩子看来，都寻找不到意义，感受不到价值，会形成一种恶性循环。母亲可以做的是，鼓励孩子用更灵活的姿态多领域去尝试，找到那个擅长并且有兴趣的方向。

对于孩子来说，母亲活得充满新鲜感、价值感、意义感，是润物无声、春风化雨的影响，是不需要切实解决孩子的具体问题、施以具体帮助，就可以潜移默化地赋予孩子正向情绪价值的缘起。陈冲母亲张安中教授是我国知名药理学家，于2021年去世。陈冲含泪撰文追忆母亲："她会从本子上撕下一张纸，折叠以后用剪刀剪，再打开时就出现一长串牵着手的小人，接着她教我们为小人画脸、上色；她会用纸折出层出不穷的飞禽走兽、桌子椅子、房子小船，再把它们编成奇妙的童话故事；她还会让我和哥哥把本子裁成一厚沓2寸的方块纸，她在每一张上画上一个男孩和一只皮球，然后拿起那沓纸，用拇指跟洗牌那样拨弄，一个孩子在拍皮球的动画就奇迹般地出现了……后来，她一分配到教研组就把'传出神经系统药理'编成一本剧本，跟另外一位同学合作拍了一部动画片。因为拍得好，所以后来在全中国使用。也许我长大后对用声画讲故事的兴趣，就是母亲从小在我心灵里播下的种子……我和哥哥都喜欢跟母亲聊天，不在一起的时候常跟她煲电话粥。她会跟我讲正在弹的曲子或者阅读的书籍。母亲的阅读范围很广，中文、英文的书都读得很多——从医学文献到畅销小说，无奇不有。"2003年陈冲还曾在她的文章《自己写自己》中记录她童年的记忆："记得我们小的时候，妈妈很喜欢音乐，但是钢琴在'文革'中被抄走了，她就唱歌。星期天她常带我和哥哥去她的实验室，那儿养着猴子，妈妈边冲洗着猴子的笼子边高声唱歌；猴子被水冲得嗷嗷叫，我跟哥哥就开心得大笑。爸爸那个时候也有个嗜好，就是他的黑白照相机。天好的时候，他就为我们大家拍照，然后带我和哥哥去他医院的暗室冲影、放大。影像在显影剂中神奇地出现，我的心里就充满了无限的惊喜。"2020年陈冲的大女儿从哈佛大学毕业，并且得到了学校的最高荣誉Summa Cum Laude和英语系毕业论文的最高奖项George B. Sohier Prize。

从父母那里，经由陈冲，再到她的孩子，高情绪价值的代际传递正在美好地发生着。这也是陈冲所企盼的："但愿他们的俭朴、聪明，他们对生活的兴趣、对知识的向往，会通过我再传给我的孩子们。"

化解负向情绪价值：挫折感、无力感、倦怠感

负向的情绪价值，往往会给人的精神状态、生命体的运转以消极影响，传递愤怒、恐惧、痛苦等情绪，通常会在人际互动中产生挫折感、无力感、倦怠感。但是，从进化论的角度看，有机体的任何机能之所以能得以保存都有其适应环境的作用，若无此效能便会在进化过程中逐渐退化。20世纪80年代发端的进化心理学[7]认为，人类的情绪，即便是负向的情绪，之所以被保留下来都是因为它们在环境的考验之下，不断被设计、选择。最终被留下来并遗传给后代的，是那些增强了其自身生存能力和繁殖能力的部分。比如，愤怒，是生存和自尊受到威胁时的一种情绪反应，适度的愤怒可以帮助人类对这些威胁作出反应并采取行动，激发斗志，去克服那些本不可逾越的障碍和困难。恐惧，是一种自我保护的本能，可以提高对潜在问题的警觉。在必要情况下采

取躲避、隐藏或反击行动来保护自己。痛苦，是使人类能避开危险并提升人生经验的信号。人在现实社会中会发生无数的主观与客观之间的矛盾与冲突，痛苦不可避免但同样有其积极的价值。痛苦的体验会使人产生行动的内驱力，它促使人设法去改变引起痛苦体验的处境。痛苦的体验也有重要的反思和对比功能，它促使人们去思考人生的价值和意义，从而更加珍惜和向往快乐积极的情绪体验。

如果说，正向的情绪价值是人类进化过程中的引擎，负向情绪价值就可以看成是制动机制，二者都可以从积极有益的方向去体悟。深受负向情绪困扰时，可以借由这些情绪反应，对生活事件进行重新建构——觉察和思考情绪背后的正向动机和需求，比如去反观之所以有如此强烈的情绪反应，一定是有个重要的理由，自己所在乎的、所希望的究竟是什么？由此，将负向情绪转换建构为个人的愿景和目标，从而激活自身的力量、优势，聚焦和运用自身积极的力量更幸福健康地生活。《摇滚狂花》中的母女，分离多年刚刚重逢时如两个困兽般缠斗，她们很像——都不懂得表达和回馈爱，但是，她们内心都有爱。爱，是共情的出发点，爱，也是共情之后的情感馈赠。发泄完愤怒、放下抗拒之后，冷静下来的她们开始相互共情，向对方逐步试探直到双向奔赴——因为有着共同的爱好，母女在摇滚路上成了"好姐妹"，开始温柔平等地沟通，最终母女温情和解。

从被讨厌的勇气到健康自立的相连

　　共情，联结的是人与人，指向的是关系。健康有建设性的共情、接应住他人的情绪，有一个**最为基础的前提，那就是发出共情的主体，首先是一个精神独立、价值自洽的个体**。正如詹姆斯·鲍德温（James Baldwin）[8]所说："一个人如果没有忽视自己的人性的话，就不会去否认他人的人性。"共情力强的母亲，必定不是一个只关注孩子而忽视或者丧失了自我的人，她们了解自我、了解人性，坦诚于内心，不逃避苦果，不断自我成长。欣赏自己被接纳和赞美的部分，并不难；但坚持基于自我选择并可以承担选择之果的部分、坦然地接受"被讨厌"，需要勇气。

　　心理学对于共情的研究，注重联结，也注重独立，二者并行不悖。共情必须有"自我—他人分离"的过程——基于自己的情绪表征，镜像映射出他人的情绪状态，产生自我情绪意识。中国的传统儒学也重视"切己"，即对自身真实体验的自觉。儒家很看重人"切己"的存在，并以此为认知和价值抉择的起点与基础。母爱总给人一种无私、忘我的印象，在共情过程中，母亲也需要先有"我",再忘我。有建设性的母亲的共情力,在行为方面首先是了解自我意识,也即知道"我是谁""我有哪些能力"的意识。然后,才有"人人都是我的伙伴"的意识与社会和谐共处,以个人的"自立"和在社会中的"和谐"作为重大目标。既能分离出"自我—他人",也能谦卑地接受自己与他者的不可分割。虽然人都是与他人分离的、是独特的,但每个人都不是一座孤岛,人也都还是那更深刻、更宽广、更辽阔的整体的一部分,是人潮、是人海的一部分。**以"自立"为基础的健康相连,才能**真正汲取共情的力量。

共情地理解他人是一种可以训练出来的技能,通过提供及时的、能产生明确目标的反馈,可以让这种技能不断提高。人能学会——也能教其他人——采用他人的视角共情地倾听,控制冲动,调节心情,在情绪和理智之间找到平衡,解决冲突,建立亲密、持久、有爱的关系。心理学家亚瑟倾尽23年的研究和临床心理实践,将共情的力量、提升共情力的方法写成了一本书《共情的力量》,在书中,他写道:"如果我早写这本书,我弟弟就不会死了。"

打开身体和心灵,去感知体悟;调动理性和觉知,反观那些共性的路径和只属于每个个体的独特方法。任何时候开始,都不晚。

曾经痛彻心扉的遗憾,用泪、用血、用爱把它转化成指向未来的崭新起点——从这里出发，去奔赴幸福。

首先，成为一个幸福的人，然后，成为一个幸福的母亲。

注释：

1　是枝裕和，日本电影导演、编剧、制作人，电影作品多次获得戛纳电影节金棕榈奖、威尼斯电影节金狮奖等奖项。代表作品：《小偷家族》《海街日记》《步履不停》等。

2　卡尔·罗杰斯（Carl Ransom Rogers），美国应用心理学的创始人之一，1947年当选为美国心理学会主席，1956年获美国心理学会颁发的杰出科学贡献奖。

3　亚瑟·乔拉米卡里（Arthur Ciaramicoli），美国心理学家，曾任职于哈佛大学医学院，著有《共情的力量》。

4　上野千鹤子，东京大学人文社会学系教授，代表著作《厌女》《父权制与资本主义》《裙子底下的剧场》等。

5　文中关于共情的性别差异的相关研究结果，引自北京大学苏彦捷、黄翯青《共情的性别差异和可能的影响因素》。

6　詹姆斯·卡梅隆（James Cameron），加拿大电影导演，多次获得奥斯卡和金球奖，1999年《阿凡达1》大获成功之后，2022年制作完成《阿凡达2》，第三部阿凡达目前正在进行前期创作，导演还将在电影中继续探索使用更新的拍摄和制作技术。

7　进化心理学的核心观点是：人类的心理就是一整套信息处理的装置，这些装置是由自然选择而形成的，其目的是处理我们祖先在狩猎等生存过程中所遇到的适应问题。代表人物戴维·巴斯（David M. Buss），代表著作《进化心理学》。

8　詹姆斯·鲍德温（James Baldwin），美国黑人作家、散文家、戏剧家和社会评论家。

Chapter 3

母亲的超载时空法则——多线程处理能力

把时间给了谁，就是把生命给了谁；

把空间给了谁，就是把连接给了谁；

把跨时空的迁移和转化给了谁，就是把智识给了谁。

令人窒息的"多核处理器"母亲

下午5点，电视台的演播室内，节目录制进行到一半，不得不暂停。

一位原定参加录制的嘉宾，因为突发路况无法准时赶到现场，全体工作人员原地等待，但是留给这档节目的演播室使用时间已经不多，后续节目肯定得推后了。身兼制片人和主持人的L，一边与堵在路上的嘉宾联系，确定他还需要多久能到达录制现场，一边迅速跟后面节目的团队负责人协商沟通时间，同时请编导把访谈录制的问题做精简和提炼，以保证尽量不让后面的团队等待太久。她远在国外的6年级的小儿子放学回家，但是爸爸还在公司开会，儿子饿得不行，求助妈妈；第二天的采访拍摄对象临时有事，需要调整团队的拍摄计划；读10年级的大儿子也快放学了，眼看今天录制要延后，她的回家路必定是晚高峰时段，到家肯定过了饭点，也不能让大儿子饿着；家里房子漏水，师傅维修过程中遇到问题，电话紧急打进来……17:30，嘉宾坐到了演播室，录制顺利，在约定时间把演播室交给后面节目录制的同事。

跟编导对好稿子，确保访谈过程精简且干货满满；

给国外的小儿子点了外卖；

指挥在家的大儿子用冰箱里的食材做了晚餐；

跟师傅沟通清晰，维修继续；

第二天的采访改期，并且与拍摄团队做好时间调整。

这一切都在17:00到17:30的30分钟内完成，这是L这位职场女性的常态。相信也是很多城市里，在职场打拼的母亲们如同计算机"多核处理器"全速多线程运转的常态。

在哪儿当妈都不易。2021年法国电影《全职》(À plein temps)[1]，88分钟的时间里，呈现了一位法国母亲令人窒息的日常。影片从闹钟响起开场，彼时还是漆黑的凌晨，给年幼的一儿一女穿好衣服，弄早饭，一边回答着女儿的"蓝猫淘气三千问"，耳朵还要留意着新闻里的路况，手上做着中午的便当。这是一个普通的工作日的开始，这位单身母亲带着两个孩子住在郊区，上班则是在市中心。把两个孩子交给邻居代为照顾，飞奔到火车站坐火车去上班。火车之后是轻轨，再转地铁，从地铁里出来，已经天光大亮，这就是她每天的通勤。路上被银行催还贷款，再给前夫打电话要孩子的抚养费。工作是在五星级酒店里的清扫工作，一刻不停也难免出错，被当场解雇之后，回家的路上继续打电话找工作联系面试，走过礼品店还一边打着电话一边给孩子选好生日礼物，回家在院子里给孩子搞生日 Party，手上也没停，还在打电话约面试，热水器坏了，请孩子玩伴的爸爸帮忙修理……电影的名字叫"全职"，她是全职的职业女性，也是全职的妈妈，把自己都融入在她的社会和人生角色中，艰难逼仄到让观众透不过气，提着心吊着胆，似乎每一个下一秒，那根紧绷的弦就会断掉。

如果是一台计算机，母亲这枚处理器必须拥有多个完整内核的计算引擎；如果是一段程序代码，母亲必定是多线程的。所谓"线程（thread）"是指一段程序码在运行过程中不与其他线程相关，而相关只发生在线程的入口处，而在线程的出口处为其他线程提供相应数据结果。家里，"多线程"的出口和入口，如果站着一个人，那个人，高概率是母亲。

母亲其实并不擅长"多线程处理"

2021年3月31日，世界经济论坛（WEF）发布了《2021年全球性别差距报告》，主要基于四个关键维度：经济参与和机会、教育成就、健康和生存、政治权力。冰岛仍然是世界上性别最为平等的国家，其次是芬兰、挪威、新西兰和瑞典。在东亚地区，日本位列世界第120位，韩国排名第102位。排名靠前的国家，更注重女性发展的社会保障政策的设计和实施，对于生产、育儿和家庭照料等占据女性大量时间、精力等现实状况，通过制度保障、福利，充分发展社会资源提供有效产品，将女性从家庭和传统的"母亲"角色所承担的过重负担中解放出来，在机会均等的角度，让女性的潜能充分发挥，促进女性在经济、政治等领域的参与和成就。

在中国，1949年以后，女性走出家庭，参与社会生活，并且以"男女同工同酬"保障女性在社会角色中的工作与男性获得同等经济价值的肯定，中国女性的社会地位得到空前提升。1962年发行的第三套人民币中，中国女性第一次被印到人民币上，1元人民币上的女拖拉机手的原型，就是新中国第一个女拖拉机手梁军。但与主流叙述并行的是，民间话语体系中，"男主外、女主内"依然是中国家庭形态最常见的方式。这样的结果就是，家庭以外，男女都做着相同的工作，与男性一样通过脑力或体力劳动获取生活资料，在专业、技术领域不断提升；家庭以内，依旧是女性承担更多家务，承担大部分育儿任务。20世纪80年代，一部获得广泛关注和好评的电影《人到中年》[2]，将女性既主外又主内的困境呈现在大众面前。影片中，人到中年的眼科大夫陆文婷20世纪60年代从大学毕业后，被分配到医院当住院医生，并育有一儿一女。繁忙的家务、狭小的居住空间、紧张的工作和生活节奏对陆文婷形成了巨大压力。但是，不管多么疲劳、紧张、困难，只要面对病人的眼睛，陆文婷就忘记了一切。一天上午，她一连三场手术后，终于因为疲劳而病倒，濒临死亡。影片中展现了这位女性作为专业人士的孜孜不倦的进取，作为母亲对于经常耽误给孩子做饭，甚至女儿发烧都抽不出身送她去医院而深深愧疚和自责。在这样的双重重压之下，她终于倒下。四十多年过去了，女性的处境有所改善了吗？很多时候，在事业上有所建树的女性还依然被问到"如何平衡家庭和事业"这样的问题，也从一个侧面说明，大众对女性角色的期待依然没有跳出家庭生活中女性理应承担更多的惯性思维。面对这个可笑的从来不会问男性的问题，北斗导航系统科学家徐颖坦然自嘲——承认自己是个平凡人——平衡不了！一个人的时间是有限的，某一方面投入多，其他方面必然时间投入会减少。她看似"认怂"的姿态，其实是最坚定、最强大的自我确认：女性不是超人，承认并且坦然面对人的局限，不必给自己过度的、承受不来的压力。

惯性思维和社会期待对女性要求的转变，是个漫长的过程，还要面对突如其来的变化和危机。《2021年全球性别差距报告》提到，由于新冠肺炎疫情持续产生影响，实现全球性别平等所需的时间已经从99.5年增加到了135.6年。一些大型经济体和诸多行业在推动性别平等方面停滞不前，部分原因在于女性最常从事的行业最容易受到疫情封禁措施的影响，也在于女性需要承担更多照顾家庭的责任。随着社会看护机构纷纷关停，照顾家庭、孩子和老人的重任更多地落到了女性的肩上，降低了她们的工作效率；领英（LinkedIn）的数据也显示，随着就业市场的复苏，多个行业中女性重新就业的速度更慢，进入领导职位的概率也更低，导致这一领域的性别平等状况倒退了2年。

在这样的全球大背景下，母亲超负荷的"多线程处理"，也即多任务并行处理，有愈演愈烈的趋势。大众包括女性自己，都更倾向于认为，女性的思维模式和行为方式方面，多任务处理是女性的专长——母亲擅长兼顾工作和打理家务，即便家务本身又是多种任务的杂乱组合，同时准备小孩的午餐、打扫房间、安排预约、组织社交活动等，似乎本就是母亲的优势。

支持这一看法的人认为，这最早可以溯源到狩猎采集时期。那时，男人主要专注于打猎，这就要求他需要一动不动地盯着目标，快速采取行动。而女性主要专注于采集，采集的过程需要比较，同时搜集和接触不同颜色、形状、口感的植物果实，还要提防体型巨大的野兽的突然攻击。智人的历史大概有30万年，人类进入农业社会不会超过1万年，而之前长达29万年，都是生活在狩猎采集时代，这么长的时间内，一些本能早已刻进了基因里，以致到现在男性的专注力和目的性都强于女性，而女性多任务处理能力会更好。但是，这样的推断，考古学家给出了反证。2020年加州大学戴维斯分校的考古学家兰迪·哈斯（Randy Haas）领导的研究团队，在南美发掘出一具随葬有大型动物狩猎工具的早期人类女性遗骸，进一步对美洲同时期人类遗迹的荟萃分析则表明，大型动物狩猎中的女性猎人占比可能有一半之多。研究人员这样总结这项研究的意义：在当代关于劳动力的性别差异和不平等的讨论中，这些发现特别及时。有些人根据"男性狩猎"的假设，认为薪酬和地位的性别差异是自然的，但很明显在人类久远的狩猎采集时代，劳动力的性别分化完全不同于今天，很可能平等得多。过分强调人类发展过程中劳动分工、行为模式的性别差异，这正是当代性别偏见在考古研究中的投射。

全球重要的生物学期刊*PLOS ONE*（公共科学图书馆·综合）刊登了一项德国学者做的研究，结果显示，女性实际上并不比男性更擅长多任务处理。多任务处理，是指在短时间内完成几项独立任务。它需要快速、频繁地将注意力从一个任务转移到另一个任务。跟按顺序完成单个任务相比，多任务并行处理会增加人的认知负担。在这项新研究中，德国的研究人员比较了48名男性和48名女性在识别字母和数字方面的能力。在一些实验中，被试需要同时注意两个任务——这叫"并发多任务处理"（Concurrent Multitasking）。在另一些实验中，他们需要在不同的任务之间转换注意力——这叫作"次序多任务处理"（Sequential Multitasking）。研究者们测量了多任务处理实验的反应时间与准确性。他们发现，相比只做一项任务的对照试验，多任务处理大大地削弱了男性和女性完成任务的速度和准确性，而男女两组之间没有显著差异。

用人类遗传发展的性别差异，期待母亲必须成为"多核处理器"；用传统的"母亲更善于一心多用"的刻板印象捧杀或者绑架母亲，以期她们可以在有限的时间内并行完成多项家务、育儿，还有自己的工作，都需要警惕。

为CEO的母亲——一个母亲就是一个团队

在上海的西南角，一所著名的中学附近，房租堪比市中心的价格，这里租住着在这所学校上学的孩子和陪读的家长。很多家庭都是母亲带着孩子周间在这里读书，周末回到其他区县与家人团聚，为的是节省孩子的通勤时间，保证孩子睡眠。单独带孩子的母亲们，很多都辞去了原来的工作。她们大多受过良好的教育，在职场上也有着不错的战绩。这是在"拼妈"时代的一群身体力行地加入战斗的母亲。大众认为的"拼爹"，意味着父亲能够提供孩子更优越的资源、更优渥的资金。但仅有这些，对于能考入这所著名中学，目标在清华、北大、交大、复旦，甚至是美国常春藤名校的孩子来说，还远远不够，这些名校的招生需要的GPA、各类国际竞赛成绩、各类社会活动的参与、体育项目和艺术项目的全面发展，靠的就是"拼妈"了。母亲，仿佛是一个以培养孩子进入名校为核心发展目标的企业的CEO，更仿佛是一个团队，围绕着核心产品——孩子，做规划、抓落实、考核绩效、优化路径，不敢有一丝懈怠。

如果说，多任务处理是母亲在单位时间内的多个并行空间的规划处理，那么作为CEO的母亲，考虑的是线性时间流里的空间规划——以孩子的当下为一个起点，以一个目标为终点，规划不同时空中的任务完成。这个过程跟企业发展中的战略项目管理非常接近——根据孩子的兴趣、特长、状态制定发展战略，之后由执行部门实施，再对实施成果进行综合性评价，以此来判断孩子是否已经达到了规划期望。发起这个规划的是母亲，其自身必须具备一定的前瞻性和计划性，为孩子的发展提供一个整体的思路，为总体走向设计出较为完整的蓝图；这个战略若想要达成，只依靠单一部门是不够的，需要多个部门共同发力，多个执行部门的负责人也是母亲，从学校里的学业，基于孩子发展方向的竞赛的培训、参赛，选什么运动项目，培养哪类乐器，相应的合适的老师的选择，到每一堂课的接送、一日三餐的落实，都是母亲作为战略规划执行者的工作内容。长期规划需要将每一个小的战略合并为一个阶段性成果，还要辅以经验总结。在一个阶段性目标完成后对自身的行为进行反思和改进。同时，还要对孩子发展状况进行评估、对孩子未来道路上有可能遇到的困难进行整体分析，并给出相关的建议，保障孩子未来的平稳健康发展。

一位母亲，就是一个团队，为孩子的成长招兵买马、步步为营。母亲是团队的CEO，也是策划总监、运营总监、市场总监、人力资源总监，既是最底层的小兵，又是最高层的统帅。母亲要知道这个团队向何处去，团队沮丧的时候给它打气，团队迷路时是24小时在线的GPS。自我建设、自我激励、自我成长，取得成果时保持清醒，逆境挫折中不气馁，自己止血、包扎，没有休养生息的机会，头顶悬着"一旦失败则无法重来"的达摩克利斯之剑。

名校附近的"周间全职妈妈"毕竟还是少数，更多的母亲类似《人到中年》里的陆文婷或者《全职》中的法国妈妈，自己的本职工作和培养孩子"双肩挑"，被期待着既要多任务处理，又要成为培养出色孩子的CEO。母亲在单位时间内多任务处理方面并没有优势，在线性时间流里可以规划的空间内容也总有极限，超载的时间和空间里，苦苦探索着可能的时空策略。

基于增长极限的时空策略

时空策略，是指在线性的有限时间内，开拓延展多个空间任务的方法和策略。既涵盖同一时间内的多任务处理，也涵盖不同时间里各空间内任务之间的彼此逻辑勾连。

1972年3月，由罗马俱乐部[3]委托美国麻省理工学院的专家学者对人类当下和未来处境做了一份150页的研究报告《增长的极限》，印刷达数百万册，以超过20种语言发行。五十多年过去了，这份旨在探讨人类发展、生态资源、人口增长的关于未来世界的预测和预警的报告，在今天仍然被广泛提及，极少数热情支持者将《增长的极限》视为开启新生态纪元的预言，大多数人却将该书视为对当下其珍爱的生活方式的一种威胁。近年来，这份报告的研究范式，在优化人类的思维模式和行为模式方面，被广泛借鉴和应用。人类生态资源的占用和经济社会发展都有其极限，一旦超过地球可以承担的极限，人类必定陷入要么通过人类组织"管控下的降低"（managed decline），要么通过大自然或市场而导致的"崩溃"。

在最深的层面，人类的终极目标是幸福，而非增长。增长是手段，而非目的本身。因此，以幸福为目标的时空策略，可以尝试做出如下优化。

第一，追求诗意、追求解放的时空策略。

在生理和心理的"崩溃"之前，母亲能做的是"管控下的降低"——让时间和空间的管理更接近"幸福"的目标，梳理和总结有效的"时空策略"而非单纯地，甚至接近贪婪地追求增长。日常生活中，人总是渴望每一分每一秒都活出价值，不能虚度，努力地追求增长、获得进步才有不负韶华的底气，但如果空闲了，或者单位时间内没有开拓裂变出不同空间的事件进展，或者时间流内的空间没有得到有效利用、事件的发展停滞而没能更接近那个长期目标，就会自我否定，无所适从。

2007年起，世界经济合作组织发起倡议，在欧洲实行"时间政策"，既然一味地追求劳动生产率的提高，社会整体需求已经无法同步持续增加，那么随着劳动生产率的提高，人们需要相应地减少劳动时间，将时间用于休闲活动，投入家庭、社区、自然或与社会贡献相关的活动，提高生活整体的"富足"程度。生活的整体富足，体现在增加休闲消费，更多地关注有偿劳动所在的单位之外的区域活动，用这样的时间政策提升"空间效果"。

如果仅仅把成就某一个目标——无论是母亲自我实现的目标，还是帮助孩子达成阶段性目标——**作为人生的目的，就偏离了追求"幸福"的人生要义**，陷入将路径和手段当作目标的迷失之中。亚里士多德说，哲学起源于惊奇和闲暇。正是说明闲暇对于最具有价值的创造性活动的重要意义。德国古典浪漫派诗人荷尔德林在他的诗作《人，诗意地栖居》中这样抒发他对于人生所求和幸福生存的关系：

> 如果人生纯属辛劳，人就会
>
> 仰天而问：难道我
>
> 所求太多以致无法生存？

教育家陶行知先生在20世纪40年代就大声疾呼：解放孩子的头脑，解放孩子的双手，解放孩子的嘴，**解放孩子的时间，解放孩子的空间**。

一个茶杯要有空位方可盛水。日间由先生督课，晚上由家长督课，为的都是准备赶考。拼命赶考，还有多少时间去接受大自然和大社会的宝贵知识呢？赶考首先赶走了脸上的血色，赶走了健康，赶走了对父母的关怀，赶走了对民族人类的责任……最要不得的，还是把时间赶跑了。我个人反对过分的考试制度的存在。一般学校把儿童全部时间占据，使儿童失去了学习人生的机会，养成无意创造的倾向，到成人时，即使有时间，也不知道怎样下手去发挥他的创造力了……解放小孩的空间，让他们去接触大自然中的花草，树木，青山，绿水，日月，星辰，自由地对宇宙发问，与万物为友。

——引自《陶行知全集·第一卷》

解放，孩子如是，母亲亦如是。解放孩子的头脑、双手、嘴、时间和空间，母亲首先需要自我解放。作为母亲，有多久没有放空大脑，认真思考一下**"只有一次的人生如何去自我完善、自我实现"**这样形而上的问题。这样的问题解决不了今天的早餐和中午的便当，却有无用之大用。希腊德尔菲的太阳神庙上面镌刻着三条箴言。其中最有名的是第一条：认识你自己。人所有行为的理性出发点和一生的要义，就是认识自己，这也是母亲真正获得解放的前提。而如果母亲不能解放自己的时间和空间，不去关注星辰大海、四季花开，又怎能去探索和丰富自己的人生，怎么创造一个自由舒适的环境并实现孩子的解放？

第二，多元时间观的时空策略。

在不同的国家、文化背景下，人们对同时处理多个任务所持有的态度，被称为多元时间观[4]。中国的传统文化和教育长期以来偏向于单任务时间取向，心无旁骛、专心致志等单任务处理被认为是优秀的行为习惯。从幼儿园到高中，孩子持续被限制在目标单一且干扰因素少的单任务环境中。著名漫画家蔡志忠也提出这样的时间价值观点："看一本书要一口气看完，看一半放进书架，再回首已经是一二十年后了。写一本书要一口气写完，写一半放进抽屉，一二十年后已经不会再写了。做一件事要一口气做完，做一半停下来，这件事可能永远没完成。一件事情没做完以前别离开，因为你可能不会再回来了。不要随意把时间切成碎片，相同长度的一段时间，有100%的价值；把它切成两段，只剩60%的价值；把它切成四段，只剩30%的价值；把它碎尸万段，价值等于0！"

有研究者对中国家长进行访谈[5]发现，上一代向下一代传递的多为单任务的时间观。家长们普遍对多任务行为持否定态度，认为该行为是"迫不得已才会用一用""不可能做好事情"的方法。他们不希望自己的孩子采取多任务行为。而另一方面，却从对大学生的访谈中发现，许多人在高中毕业前往往处于被人为制造出的单任务环境中，只有学习这一项任务，而到了大学，这种约束几乎消失殆尽，迅速进入多任务情景当中，多任务行为是大学生群体中的一种普遍行为。而进入工作环境，前文提到的身兼制片人和主持人的L在半个小时内多任务处理的场景，则屡见不鲜。

适应社会生活，区分什么样的任务、行为需要单任务处理，哪些需要多任务处理能力，就显得尤为重要。社会分工越来越精细，同时也越来越需要合作。每一个参与过项目管理和项目执行的职业人，都会有切身的体会——随着移动互联网的迅速发展和社交网络提供的群组功能广泛应用，身处不同空间的人，得以依靠网络的连接共同推进和完成任务。一个项目会被分成多个不同的群组，相同时间被裂变成无数个任务完成的空间，彼此沟通——通报进展——解决问题——应对突发——协同作战——单个模块完成——汇总，直至总任务完成。每个人都被绑定在多个空间之内，长此以往，注意力会被不断切分，以至于现代人以"碎片化"生存为生活常态。

但是，很多对个体生命有突出价值的事，比如蔡志忠说的读书、写作，比如必须投入专注的精力、靠个体去完成的绘画、演奏，比如提升某领域专业知识所必需的学科知识的记忆和练习，则必须依靠单任务处理。

保持独立自我的母亲，总会找到真正属于本心的、指向自己生命追求的事，持续地投入时间，求得最佳心智模式，让这件事达到至善至美的境地。蔡志忠对于时间微积分的阐述，对每一个努力地自我实现的母亲，都有启发：

> 每一个当下，都是微分，而我们的整个生命，就是积分。如果一个小时值10元的话，分成两个半小时可能不值5元，4个15分钟连1元都不值。而反过来看，连贯的10个小时已经价值到几千万了。时间的累计，是有指数级增长的价值倍增效应的。

第三，反惰性的跨时空迁移转化策略。

每个人的时间都是有限的，基于科学技术的发展、基于个人运筹帷幄能力的空间裂变也是有一定限度的。那么，如何利用好时间和空间？还有一种方式就是实现知识的跨时空迁移和转化。如果说，金融的核心是跨时间、跨空间的价值交换，比如以更低的成本把更多的未来收入作证券化变成今天的钱[6]。那么知识也是可以作跨时空的价值的提升的，那就是把过去和现在的惰性知识转化为活性知识。惰性知识，往往孤立地存在于已有的知识结构中，它很难被相关条件所提取，若没有与之相对应的问题情境，便丧失了知识的关联性和可迁移性。但是，思维和实践能够用得上的知识是活性知识，即在一定条件下它能够被提取、被回忆、被运用于解决特定的问题。建立良好的时空策略，需要**有意识地反惰性**，将知识作跨时空的迁移和转化。

人类接受教育学习到的很多学科知识，在工作中学习到的方法，如果长久地不去跨时空迁移和转化，这些知识就沉睡了，变成了惰性知识，很难形成有效的时空策略。人类的认知都基于原有图式[7]，寻找到支点，可以撬动当下问题的解决。作为CEO的母亲，在工作中会运用围棋的"复盘"，彼时彼地地管理知识积累，可以跨时空地应用于现实生活和孩子的教育——回顾目标、评估结果、分析原因、总结经验。这是具有生活价值的专家思维，让知识与真实世界的生活情境相连。真实情境的各种要素都是不确定的，迅速而准确地判断、提取过往的知识经验，使它们成为一个确定的情境，最后成为一个统一的整体时，经历这个过程的探究者就能成功地反惰性，实现知识的跨时空迁移和转化，而非从零开始探索、发现和解决问题，也因此赋予了有限的生命时空以高能效力。

把时间给了谁，就是把生命给了谁；把空间给了谁，就是

把连接给了谁；把跨时空的迁移和转化给了谁，就是把智识给
了谁。

可以卸载的！——母亲超载时空法则的核心

必须承认的是，无论母亲怎样去学习提升时空策略，最终
到真实生活情境中，都常常有力不从心的失败感。人类普遍具有
"慕强"的心理倾向，一个即便使出了浑身解数的母亲，也会看
着身边更强的母亲，产生挫折感。母亲，似乎是唯一一个无法摆
脱愧疚、不断自我怀疑的生命角色——没有一个孩子是完美的，
而母亲常常会将孩子的不完美归因到自己身上——我是不是可以
再多做一些？我做得不够好吧？孩子身上的弱点和不足，我为什
么没能早点发现并且及时补救？

日常生活中，女性往往是情绪劳动的主要贡献者。成为母
亲，免费而无形的工作往往都是生活中的小事，但这些小事叠加
在一起就是生活中的大事——把家庭甚至社会凝聚在一起的黏
合剂——这些小事，学者们称其为免费、无价的"情绪劳动"[8]。
情绪劳动包括很多：随时随地关注各种信息，提前计划很多事
情，母亲们通常是家里知道"什么东西在哪里，谁需要什么、是

不是需要购买补齐，家人的生日是哪天、如何规划，家庭活动安排，落实参加聚会时一家人的穿着、伴手礼"的那个人。这些情绪劳动营造家庭中日常生活和亲密关系的融洽舒适氛围，提供情感效果。

问自己，超载了吗？

可以卸载的！

认可和尊重男性带孩子、分担家务的价值，不必跟随整个社会将这些奉为"美德"；更不必一直将自己淹没于愧疚之中无法呼吸，母亲这个生命角色本不应该与"牺牲""无条件付出"理所当然地绑定。

比起"装载"多维时空，更重要的，是选择合适的时机有智慧地"卸载"，这才是母亲时空法则的核心。母亲这个角色的"天花板级"人物居里夫人，自己获得两次诺贝尔奖，两个女儿，一个也获得了诺贝尔奖，另一个成为音乐教育家和作家。丈夫去世的时候，居里夫人的两个女儿大的8岁多，小的只有1岁半。她的公公和家里的保姆一起协助她照顾了两个年幼的女儿。孩子进入学龄期，居里夫人敏锐地发现当时孩子就读的学校对于孩子天性的束缚和禁锢，果断跟一众科学家好友，一起组成了一个家庭教育课堂，他们的孩子们离开学校，由这群各个领域的科学家父母负责不同学科的教育。但是，随着她工作越来越忙，她再一次做了取舍，给孩子选了合适的学校，再度让孩子重返校园。**接受帮助，主动卸载**，也是居里夫人成为出色母亲的两个关键动作。在外甥女和女儿遭遇困难、感叹生于自己不喜欢的年代时，居里夫人这样对两个女性后辈说：

> 你写信对我说，你愿意生在一世纪以前……伊雷娜"对我肯定地说过，她宁可生得晚些，生在未来的世纪里。我以为人们在每一个时期都可以过有趣而且有用的生活。我们应该不虚度一生，应该能够说："我已经做了我能做的事。"人们只能要求我们如此，而且只有这样我们才能有一点快乐。

在任何时代，为了不虚度、过有趣而有用的生活、做能做的事，为了拥有快乐，卸载，也可以是理性选择的选项之一。

卸载什么，如何卸载，也许是每个母亲终生的命题。

电影《人到中年》里，陆文婷累到命悬一线之际，总算苏醒了过来。电影的结尾，陆文婷出院，病人们夹道欢送，丈夫搀扶她缓缓走出医院——剧终。今天，再看这个结尾，不禁要问，"剧终"以后的明天呢？家里两个孩子，医院超负荷的工作，她为了把丈夫的8小时变成16小时，让他搬到研究所去住，曾说，家里有她呢！"剧终"以后的明天，她还好吗？

40年后，法国电影《全职》，有了一个光明温情的结尾，单亲妈妈有了新工作，前夫的抚养费不是不付，是暂时遇到了困难，克服困难后，钱也打给了她。电影在落日温暖的余晖中落幕。

文艺作品中，40年前，对如何破解母亲多元时空的压榨，没有答案。40年后，温暖的落日余晖，也仿佛玫瑰色的自我欺骗。

回到现实。路漫漫……

注释：

1 《全职》（*À plein temps*），法国电影，2021年上映。影片导演荣获威尼斯电影节地平线单元最佳导演奖，影片获得最佳影片提名。

2 中篇小说《人到中年》，作者谌容，1980年发表于《收获》。1982年同名电影上映，女主角陆文婷，成了荧屏上中国女性知识分子的经典形象，由潘虹扮演。

3 罗马俱乐部，是在1968年由奥雷利奥·佩西博士，邀请十多个发达国家的30位科学家、教育家、经济学家和政治家，在罗马的林西研究院组成的一个旨在研究人类当前和未来处境问题的非正式国际性协会。

4 多元时间观，最早由美国学者爱德华·霍尔（Edward T. Hall）提出，他在他的专著《无声的语言》中将文化剖析、分解为"显形文化""隐形文化"和"技术性文化"三个概念。对于时间的认知被归于显形文化中。

5 相关研究参见Jhony Choon Yeong Ng、许麓西、谭清美所著的论文《中国青年多任务价值空间：一项多任务行为和逻辑的经典扎根研究》，发表于《北京科技大学学报》（社会科学版）2019年10月，第35卷，第5期。

6　华人经济学家陈志武在他的《金融的逻辑》一书中，详细论述了价值的跨时空交换是金融的本质。

7　儿童认知心理学家皮亚杰认为，图式是一种结构。人们在认知过程中通过对同一类客体或活动的基本结构的信息进行抽象概括，在大脑中形成的框图便是图式。

8　情绪劳动，由美国社会学家阿莉·拉塞尔·霍赫希尔德（Arlie Russell Hochschild）提出，最初是指需要维持一定情感效果的有偿工作，比如空乘人员应该保持令人愉快的态度。这个概念后来被康奈尔大学的凯特·曼恩（Kate Manne）用来解释家庭中提供情感效果的免费、无价劳动。

9　伊雷娜·约里奥-居里，居里夫人的大女儿，1935年获得诺贝尔化学奖。

Chapter 4

话一说出口，就成了现实——母亲的表达力

可以言说的，不可言说的，

两者之和，就是一个人生命的全部；

表达出可以言说的部分，是人和世界勾连的面目；

沉默于不可言说的部分，是人偏安于一隅的妥协；

每个人语言的边界，就是他生命的边界。

日常叙事之严重伤害和安慰

　　小S是大三学生，这天她忘记了带宿舍的钥匙，坐在门口苦等室友。她拨通了母亲的电话，跟母亲说了她的窘境——在外面的咖啡馆喝了三杯咖啡，学校里转了好几圈，室友还没有下课，她还要等很久。妈妈在电话那头非常着急，忍不住说："我跟你说了多少次了，出门钥匙要带好，'伸手要钱'是我们这代人出门前必须检查的——身份证、手机、钥匙、钱包。现在移动支付了，钱包都不需要你带了，这三样都你能忘记，你这样多耽误事儿！你去图书馆看书啊，论文写完了吗？实习单位找好了吗？趁这个时间把这些事情处理一下，不好吗？时间宝贵，你怎么就这么不会安排自己的时间呢？……"

　　小S掐断了电话。母亲在电话那头很是莫名——她说的话，都是对的，她不理解为什么女儿会挂断她的电话，她做错了什么？

的确，她说的都是对的。但，又都不对。她忽略了对于已经成年的小S来说——道理我都懂，我要的是片刻的理解和安慰，是隔空的一个拥抱。

报社记者W花了三个月的时间采访写出的稿件，因为最重要的受访者提供的线索被证伪，稿子因此在事实层面缺乏支撑而被主编撤下。回到家里，房间乱得一塌糊涂，地板上扔着好几双换下来的袜子，纱窗没关，不知道已经飞进来多少只蚊子了，丈夫却还在刷手机，7岁的儿子在房间里打游戏，作业还没做。W的火气顿时冲上头顶："我太累了，这个家是我们的，不是我一个人的。没奢望你们收拾，顺手把东西归位那么难吗？纱窗关好，没洗的袜子放到衣篓里，是举手之劳的事情吧？作业不写，当爸爸的不应该督促吗？都7岁了，到家把作业写完再玩儿怎么就是做不到？我太累了！你们没有一个人在乎我的感受，我也有工作，我也需要休息，我太累了，我要崩溃了！"

丈夫和儿子都很紧张，赶紧放下手机、停下游戏。但丈夫还是忍不住要问："你怎么了？累了就歇歇，你究竟要我做什么？"W更加火冒三丈："你要做什么？你还不知道？你只要站在我的角度，稍微想想我的感受，你就能知道你该做什么。你这样装不懂、装作心平气和地讲话，就是蔑视我、无视我。"

W接受不了的事实是：丈夫也许并不是装作不懂，更不是蔑视或者无视——我可以为你做很多，你需要我做什么？直接、清晰地告诉我。

J的丈夫是一个国际问题研究学者，每当电视里播放国际上各国家间的争端、政党议题，J遇到自己知识背景不足以理解当下情况的时候会问丈夫：那个国家的领土历史上属于哪个国家？新上任的政党是左翼还是右翼？他们的主要政治主张是什么？这天，电视新闻里，一个欧洲国家在竞选新元首的过程中闹得不可开交，她随口问："这个竞选者是极右翼政党的吧？他民众支持率高吗？"J的丈夫正在专注地听电视里学者的英文辩论，J的中文问题让他分了心，一下子跟不上英文的讨论，他有些不耐烦："你自己看、自己听啊，又不是不懂英文，你总是用你的问题打扰我，以自我为中心，我忍你很多年了。"

J当时就懵了。啊，原来她的好学求知的问题一直以来让丈夫不厌其烦，给他带来困扰啊——在"总是"之前的每一次，你可以说的啊，为什么让我一步步成为你的困扰。

A是一个作家，有一次在一个聚会中，一位很有影响力的评论家对她说："你的小说写得很有格局，不像女作家写的，没有软塌塌的闺阁气。"被业内专家赞美，A觉得她应该高兴才对，可是，这样的赞美让她感觉不适。她的感受，并不是孤例，意大利作家费兰特也曾经在散文中表达过这样的感受：

> 我可以列举出不少伟大的男作家，他们会以开玩笑的口吻，贬低女作家，或者认为女作家只会写一些很低俗的故事，围绕着婚姻、孩子和爱情，她们只会写一些甜得发腻的短篇或者长篇小说……某个有威望的男作家表示：我们女作家很厉害。这就让人想问：我们和你一样厉害吗？超越了你吗？还只是在女性中显得厉害？还是在说，我们才华卓越，只是和其他女性进行比较。
>
> ——埃莱娜·费兰特《写作的女人》，收录于《偶然的创造》

费兰特替A说出了她的感受，说出了她为什么会感到不适。英国学者米兰达·弗里克（Miranda Fricker）[1]用一个概念界定了这种不适及其危害——"证言不正义"（testimonial injustice），典型情形可被界定为"因身份偏见而导致的语言可信度贬损"，证言不正义对特定群体及个人的不公对待，不仅剥夺了他们作为主体的资格，而且会导致人性的降格。康奈尔大学的哲学系副教授凯特·曼恩（Kate Manne）[2]，又将这种理论向前推进了一步——如果作出评价的那个人，基于他在某个行业内的权威身份或者自认的认知的优越性，做出刻意的或者不自知的贬损，那么，这种行为就是"男性说教"。戴特·曼恩坦言，这个概念的提出受到了一篇经典且有趣的文章的启发——《男人总爱诲人不倦》(*Men Explain Things To Me*)。这篇文章中描述的话语场景是：文章作者遇到一位男性文化人，听说她在写作，就问你在写什么？她回答了写作的主题。他继而有些不屑："哦？女性研究者也涉猎这个主题？你肯定没有读过一本书，这本书很权威，你的研究方向跟这本书很重合，你应该好好读一下。"作者接下来写道："他说的那本书就是我写的！"这个场景与中国作家A的经历惊人地相似。

上面这段，从A到A，似乎形成了一个闭环，但它一经被书写出来，就一定有什么被改变了：感到不适—思考为什么会令人不适—概念提炼—理性分析—表达出来，接触到这些概念和表达的人，再遇到类似不适的场景，就可以接过前人递过来的接力棒，回馈到场景中去，那么，原有不适的场景就有可能被撑出新的边界，未来，就有了不再令人不适的可能。这就是表达的力量。

前面提到的母女、夫妻对话的场景，亦是如此，如果语言交流停滞在内心戏，没有表达出来，那么何谈改变。

话语，无论口语还是书面语，会产生各种影响，心理的、行为的，其中有规律、有技术。表达是助推也会是抑制，是日常生活中借由语言传递出的宏大伤害和安慰，表达力关乎生存的质量。

语言、言语和现实——话甫一出口，即成现实

语言，是人类最重要的交际工具，是人类区别于其他动物的本质特征。瑞士语言学家索绪尔（Saussure）[3]将人类的言语活动分成"语言"和"言语"两部分。语言，是一个符号系统，是社会成员共有的语音、语义、语法体系，不受个人意志支配；言语，是言语活动中受个人意志支配的部分，带有个人发音、用词和造句的特点。但即便个人特点不同，使用同一种语言的人可以相互理解、沟通，其根本原因是语言的基础和统一作用。在他最著名的现代语言学奠基之作《普通语言学教程》里，他分析了语言的"能指"和"所指"这一对犹如一枚硬币两面的相对概念。能指是语言文字的声音、形象；所指，是语言实际传递出来的概念、意义。人类借由"能指"指向认知和思维的结果——"所指"。

使用同一种语言符号的人，说出来的口头语言，书写出来的

书面语言，交际过程中的肢体语言，都是言语。每个人的言语都是专属于这个人的独特表达，这样的表达有能力高下之分。有的人能言善辩，有的人讷于言辞。中国的战国时代的纵横家，靠辩才纵横捭阖，影响各国政治、经济、军事和外交，甚至在一定程度上影响了历史发展的进程。

语言是认知思维凝结而成的体系，反过来，也影响着人类的认知思维。著名的"萨丕尔-沃尔夫假说"（Sapir-Whorf hypothesis）[4]的核心要义，即是不同语言所具有的结构、意义和使用等方面的差异，在很大程度上影响了使用者的思维方式。比如，在因纽特人的语言中，飘舞的雪、落地的雪、半融的雪、板结的雪各有专名。这些词语影响和决定了因纽特人对于世界的认知——如何看待雪，如何看待世界，进而语言的形态影响思维的形式。因此，每种语言不仅仅是概念的加工工具，它本身的形态就规范了概念的形成，人类按照各自母语所设定的界线切分大自然，虽然人们所见的物质存在相同，但是，使用不同语言的人头脑中形成的关于客观世界的图像却各异。

个体的认知思维在用语言表达之前，都是混沌、朦胧、模糊不清的，只有用书面语或者口语表达出来的那一刻，认知思维才得以清晰地具象化。语言是线性序列，话只能一词一句地说，不能几句话同时说。学者的思想、作家的故事，经由书面言说；日常交流，经由口语言说，在被言说锁定之前，甚至连言语活动的主体都无法精准预测言语的线性序列会最终以怎样的形式表达出来，堪比"薛定谔的猫"。但，话甫一出口，就成了现实的一部分，就影响到现实世界中的人与人、人与物，乃至物与物之间的变化。

言说，首先是在做信息的传递和认知思维的交流，交流本身就实现了说话人和听话人之间的信息共享——基于双方的已知信息，指向未知信息，**改变的是交流双方对世界在物质层面和精神层面的事实认知**。前文列举的J的丈夫平日里，跟J普及的国际形势信息及相关历史背景，就是言语的信息传递。而J后来听到丈夫说"你总是……"，才恍然明白，她未曾觉察的事实——丈夫忍耐她很久了。

其次，言语可以传递人类丰富且细腻的情感，用什么样的言语表达也显示了说话者的情趣和风格。最著名的例子是，夏目漱石的学生问老师，男女主角在月下散步时男主角情不自禁表达出的爱意"I love you"翻译成日文，怎么翻译会比较好。夏目漱石说，日本人比较含蓄，不大会直接说"我爱你"，不如婉转诗意地翻译成"今晚的月亮真美"。男女之间用这样的方式爱意传递，曾出现在《源氏物语》里，当六条妃子告别光源氏之际，他们一起仰望着天空中的月亮，她深情地对光源氏说：

今晚的月亮真美，也曾和你如今日一般看过月亮，每每想起你我昔日共度的悲欢时光，就会莫名为光阴的流逝而落泪感伤。

从今而后，和你的一切，都会成为慰藉我一生的美好回忆，在我剩下的岁月里，我都会怀念今晚和你一起看过的月亮。

这一组线性言语，没有一句"我爱你"的能指，却温柔缱绻地向对方传递出了浓浓爱意的所指，能指、所指结合，定型、确认，并且升温了这对男女之间的亲密关系，**是言语表达对情感现实的影响**。

言说还有第三种内容的传递，那就是情绪。本章开头小S跟母亲诉说她忘记带钥匙之后的境况，除了是在传递信息，更多地是传递她懊恼沮丧的情绪，渴望得到情绪上的抚慰，但母亲并没有接应到这种情绪并适当地给出情绪回馈，反而提出事实层面的理性建议。情绪传递与理性回馈的错位，让母女之间的对话不欢而散。未来小S再遇到类似情境，很可能不会再拨通母亲的电话——这是**言语表达对情绪现实的影响**。

第四种对现实的影响和改变，是**偏见传递和纠正**。前文提到的作家A感受到的男性权威人士基于"女性通常只书写小情小爱"的认知所传递的对她的"赞美",就是言语的偏见传递。遭遇偏见传递时,表达出个人感受,是一种回击,用概念精准锁定这类现实,是一种更有力的回击。这样的回击,不仅对当下的言语活动中的对话双方作出认知纠偏,还可以让更多的人以这个概念为基石,踩在学者的肩膀上,认清、指出,进而终结偏见传递。提出概念,是认知和思维依靠语言的呈现;言语表达,是从某一个地方接过这些语言,将他们变成自己的武器、变成自己血肉交融的一部分,在现实情境的战场上的具体应用。

第五种言语对现实的影响非常有趣,那就是最早由美国社会学家罗伯特·金·莫顿(Robert King Merton)[5]提出的"自证预言"(self-fulfilling prophecy)——自我应验预言是一种能够唤起新的行为的预言,并且该行为使得本来虚假的猜想成真了。最适合拿来举例的,是美国大萧条时期的银行倒闭。彼时,有传言说一家银行即将破产,这家银行就会真的经营不久。这个过程其实是:传言引起了恐慌,所以人们一窝蜂地将存款从银行取出,而一家银行本身就不可能有那么多的现金。这样一来,银行因为拿不出钱给储户,造成挤兑就真的破产了。可见,**言语活动对于现实的影响具有预言般的力量**。

语言符号系统中,字、词、句这些能指的线性排列组合方式,堪比整个银河系的星辰般浩瀚无际,其所指或宏大辽远,或幽秘精微，甫一说出口、写成文，就有了改变现实世界的认知、情感、情绪、斧正偏见、自证预言的力量，而言语活动的个体，其表达力的高低，就决定实现这些影响的力度。母亲的表达力，是她的影响力的重要组成部分。

表达从聆听开始？有多久忽略了聆听自己？

言语表达，是人在意识清醒状态下几乎须臾不能离开的、与个体之外的世界和他者之间的互动方式，占据了人大部分的生命形态。也正因为如此，关于表达力提升的书籍非常之多。这些书的写作逻辑是，从所期望的言语活动效果反过来倒推，怎样的方式更有助于效果的实现。其中，"聆听"被放置在一个极其重要的位置，甚至被认定为提升言语能力的核心要素和出发点。

聆听，或者倾听，可以获取言语信息、接收情绪和情感，谈话双方要在最大程度上共享这些内容之后，对话才有扎实、共享的基础。然而，尤其不能忽略的是聆听自己。一个人很难跨越社会镜射（Social Mirror）的捆绑，往往是从他人身上获取视角认定自己，而非以自身的价值判断为基准。当过多地考虑周围其他人的看法时，简单明白地说出自己的观点也就不那么容易了。如果自己不被聆听，就把自己搞丢了，没了自我，聆听他人的意义又何在？因此，诚实、好奇、敏锐地聆听和理解他人，也要诚实、好奇、敏锐地聆听自己。

前文提到的身为母亲的报社记者 W，工作不顺利，回到家里看到的情景也是一团糟，对丈夫和儿子吐槽之后，得到她想要的结果了吗？显然没有，丈夫不解，儿子被训斥得紧张又不知所措。作为言语活动的发起者，W 的诉求被她自己淹没了。职场上的境遇、家务上的辛苦需要事实层面的描述，内心的疲惫、焦虑需要情绪层面的表达，更深层次的诉求没有被她认真聆听——她渴望言语上的安慰和具体行动上的帮助。面对此情此景，更有效的表达路径应该是：**聆听自己的诉求—事实描述—传递情绪—明确地提出要求**。

对于言语活动的接收一方来说，聆听自我表现为，先认清自己对他人思想和情感世界的信息掌握的充分程度，明确在对话中的立场和作用，以此为基点，再聆听对方的言语、接应对方的情绪，才能给予有效回馈。《非暴力沟通》的作者马歇尔·卢森堡（Marshall Rosenberg）[6] 在一次研讨班中，问 23 位学员，如果听到求助的人说"我快要崩溃了，我找不到活下去的理由"，他们会有怎样的反应。收集好他们的书面回答后，他提议："我将依次大声读出这些书面回答。假定你是那位求助的人，如果你认为某个回答表达了对你的理解，就请你举起手来。"在23个回答中，有人对"这是什么时候开始的"这类的问题举了手。而对于直接给予的建议，类似提示求助者"要积极活下去""要找到活下去的理由"的回答，则没有人举手。可见，基于聆听者立场首先需要做的事，是接应住对方的信息和情绪的开放式提问，而非急匆匆给出建议或无关痛痒的安慰。

言语是窗、是墙、是利刃

人是一切关系的总和。人与他者之间，是打开一扇窗看见彼此的面貌和内心，还是竖起一堵墙彼此隔绝，抑或抄起一副利刃戳到彼此最痛处，很多时候，就看言语活动如何发生。

2017年的美国电影《伯德小姐》（*Lady Bird*）[7]，讲述了女主角高中毕业进入大学这一年里的叛逆青春，故事里的母女的言语战争，让很多人有了极强的代入感——天啊，这不就是我们家里的日常对话情景吗？女主角不喜欢父母起的名字克里斯汀，她给自己取了一个让周围的人听起来就一愣的称谓——Lady Bird——从"用词语自我命名"上就开始了对家庭的反叛。母女是彼此最熟悉的两个人，互相伤害起来更是直戳最致命的软肋。对她们之间言语对话的文本分析，可以非常直观地看清，言语如何关了窗，又瞬间垒起高墙，不留余地地暴击对方，直至让双方身心流血。故事的开场，母亲开车载着女儿日常聊天，女儿吐槽生活，母亲听不进去了，试图纠正女儿的抱怨，言语大战开始——

女儿：我抱歉，我做不到十全十美。

母亲：没人要求你十全十美，你能体谅别人就行了。

女儿厌烦母亲的纠正，开始防御，母亲不依不饶给女儿定性——你根本不体谅别人。

女儿：反正我是不想在这个州读大学，我讨厌加州，我想去东海岸。

母亲：我和你爸只能勉强付得起你在加州的学费，你爸爸的公司到处在裁人。这你知道吗？你肯定不知道，你只知道考虑你自己。

女儿转移话题，母亲第二次给女儿定性——只知道考虑自己。

女儿：我只想去有文化氛围的地方，比如纽约。

母亲：我怎么养了你这样的自命高雅的人，反正那儿的学校你也考不进，你连驾照都没考出来。

女儿反击母亲，她要离开这个没文化的小镇，言下之意，你也是这个没文化的环境的一部分，母亲第三次给女儿定性——自命高雅，而且从能力上否定女儿，干啥啥不行。

女儿：那是因为你根本没让我练习。

母亲：不管你努力不努力、用心不用心，也就那样。你连州内的学校的学费都不值，克里斯汀。

女儿：我的名字是伯德小姐[8]。

母亲：你的名字叫克里斯汀，太滑稽了，鸟小姐？

女儿：你答应叫我这个名字的。

母亲第二次从能力和价值上否定女儿——努力、用心也抵达不了你的目标，你的价值连州立学校的学费都不值，还想去东海岸？她此时叫出了她给女儿起的名字克里斯汀，几乎是第四次给女儿定性，你就是克里斯汀，不是鸟，飞不高，飞不远。女儿此时的自我意识爆发，她纠正母亲，她要她自己的名字，她要她自己的生活。母亲感受到挑战，第五次定性女儿的现在，甚至预测了女儿的未来——

> 母亲：你就应该去市立学院，就你那水平，就应该去
> 市立学院，然后进监狱，然后再回到市立学院上学，也许你
> 就能明白怎么才能振作起来，而不是老是指望别人会怎样。

话说到这份儿上，气氛烘托到如此地步，女儿一怒拉开车门，从飞速行驶的汽车上跳下来，摔断了胳膊。

言语活动是基于说者和听者的共有已知信息，传递未知信息——判断推理或者传递情绪情感。如果双方共有大量已知信息，言语活动中会出现两种情况：一是双方对话会变少，极为简单的言语甚至一个眼神或者肢体语言就能让信息的接收方迅速理解对方期望表达的意愿。比如一对夫妻一起生活多年，话会越来越少，很多时候并不是冷漠，只是因为太过熟悉和了解对方的世界——"你想说的我都知道，我也知道你知道你想说的我都知道"，可谓无言的默契。另一种情况就是，因为了解，所以熟知对方的软肋，说出来的话都是对方最为不想听到的言语，彼此的伤害就更致命，即所谓"爱我的人伤我最深"。

伯德小姐和母亲的言语战争就是第二种情况——你想反驳我？我知道说什么让你受伤更深。你想打击我？我知道怎么让你

锥心般地痛。伯德小姐的母亲用言语摧毁了女儿的内心，女儿用自虐流血的方式打击母亲。言语战争刀刀见肉，但其实她们彼此深爱着对方。女儿的男朋友对她母亲颇有微词，女儿马上反驳，她很爱我，只是刀子嘴豆腐心。而母亲最终没有阻止女儿去东海岸的纽约读大学，板着脸送女儿去机场甚至都没下车，下一个镜头就是独自开车离开机场，在车上忍不住大哭。女儿临行前，她给女儿写信，写了好多好多遍，怎么样都写得不满意，也担心女儿会嘲笑她不会写或者拼写错误，桌子上和地上都是被揉成团的纸张。父亲悄悄把纸团将平，厚厚的一沓，放进了女儿的行李箱。来到纽约的女儿在行李箱中看到这沓没写完的信，那是母亲字斟句酌、用很多种方式表达的——我爱你。母女之间言语筑成的高墙轰然倒塌，纸上的言语字迹，给母女之间打开了窗。出门参加聚会，被问及叫什么名字，女儿说，我叫克里斯汀——她认同了父母取的名字，仿佛重回母亲的怀抱。走在她梦想中纽约的街道，她拨通了家里的电话：妈妈爸爸，你们好吗？我是克里斯汀，你们给我起的名字真好听。这通电话是打给妈妈的：妈妈，你第一次在我们那个小镇开车，激动吗？我很激动，可是那时我们不说话，我没能说给你听……

奥地利哲学家维特根斯坦[9]有一句广为人知的名言："凡是能够言说的事情，都能说清楚，而凡是不能言说的事情，就应该保持沉默。"能够言说的事情，是用语言可以清晰地表达、界定还原的那部分现实世界，不能言说的事情，比如爱，比如美，比如绝对价值，一旦我们使用言语去试图描述，这些意义就变了，不一样了，或者说人类的思维中对于这些事物的感知根本就是无法用语言精准还原的。

可以言说的，不可言说的，二者之和，就是一个人生命的全部；表达出可以言说的部分，是人和世界勾连的面目；沉默于不可言说的部分，是人偏安于一隅的妥协；每个人语言的边界，就是他生命的边界。伯德小姐和母亲，没有囿于这个边界，她们聆听自己的内心，探索着可以表达爱的可能——母亲没有写完的、满是语法错误的信，女儿不再用"鸟"这个单词给自己命名——让言语无限接近于她们对彼此的深爱，也因此拓展了她们生命世界的边界。

言语绑架："煤气灯效应"与"手电筒效应"

言语活动对人在精神和行为上的控制力，很多时候超乎人的想象，需要母亲警惕自己被绑架或者不自知地绑架孩子。有两个由言语活动产生的心理学效应值得关注。

　　1944年的美国好莱坞影片《煤气灯下》，因为其令人感到毛骨悚然地展示了日常言语与施以手段的生活细节相结合就可以完全操控人的精神和行为，不仅在电影史上留下了一部传世佳作，而且"煤气灯"这个影片中的标志性道具，被心理学家直接用作心理效应的概念表述——煤气灯效应。影片中的女主角与男主角一见钟情并且闪电结婚，殊不知这位男主接近她是觊觎她姨妈留下的巨额遗产。二人结婚后，搬到了女主姨妈留下来的房子里。新婚丈夫一步一步地精心设计，将女主不知不觉间逼到了濒临精神崩溃的边缘。第一步，制造相对封闭的环境。搬到这里以后，丈夫就跟邻居说，妻子身体不好，不能经常出门，跟女佣也是相同的话术，照顾好女主人的身体，不要让她出门。于是，妻子的主要信息源只能是丈夫。第二步，言语定性，辅以生活细节的印证。丈夫经常对妻子说，你总是丢三落四，你总是疑神疑鬼，你要控制好自己的情绪状态。同时，丈夫设计、制造一系列的生活细节，强化他对妻子的定性，比如把妻子房间手提包里的首饰偷偷拿出来，妻子发现首饰丢了，就更认定是自己丢三落四，此时丈夫一边安慰，一边用言语让妻子增添负罪感：哦，这是我祖传的首饰，我小时候祖母就让我把她交给我最爱的人，结果……再比如，把煤气灯的阀门关小，当妻子发现灯变暗了，想找女仆问是不是煤气灯出了问题，丈夫再悄悄把阀门调大，等女仆进来，一切如常。丈夫继续用语言摧毁妻子：你不要总是这样心神不宁，你都出现幻觉了。妻子辩驳，但女仆也看到煤气灯没有问题，所以没有人站在妻子这边，令她深度怀疑自己。第三步，树立权威，言语威胁。比如煤气灯忽明忽暗，妻子总是无法自证，权威就落在了丈夫这边。房间里的画莫名其妙不见了，妻子也不明所以，上楼时却在楼梯拐角发现了那幅画。丈夫马上找来女仆，女仆对着圣经发誓，不是她拿下来的，房间里就这三个人，最具权威的丈夫认定：你要么是把画拿下来放到楼梯拐角，自己都忘了，要么就是在说谎。妻子百口莫辩，被自我怀疑和恐惧逼到情绪失控。丈夫威胁她：你的精神状态出了问题，还是请医生给你诊治一下，或者送你到疗养院。至此，妻子已经被完全控制，生活中的每一分钟，都在担惊受怕中度过，不敢出一点点纰漏，可是越是担心，就越是出状况，而任何一点点状况都可能成为压死骆驼的最后一根稻草。

心理学家借用这个经典意象"煤气灯"提出的煤气灯效应[10]，概括命名的也就是影片中这类以言语上的贬损、恐吓、威胁为主要手段，对受害者施加的情感虐待和操控，让受害者逐渐丧失自尊，产生自我怀疑，无法逃脱。操纵者播种困惑和怀疑，受害者为了能让这段关系得以维系，主动地怀疑自己的认知。

身为女性的母亲，大多共情力比较强，感知且共感到对方言语中的情绪之后，往往会萌生不安、自责，不同程度地受"煤气灯效应"的影响。

在日常生活中，处心积虑地运用煤气灯效应控制他人的情况其实并不多见，更常见的是在不自知的无心情况下，已经或多或少产生了这个效应指向的结果。识别和避免被控制及控制他人，需要特别注意的就是在言语活动中，尽量就事论事，不要轻易被他人定性或定性他人。前文中提到的 J 的丈夫说的"你总是打扰别人""你总是以自我为中心"，都属于定性的表述。伯德小姐的妈妈短短几句话，给女儿定性不下五次，这都是轻则把天聊死，重则打击自信以致开启自我否定和怀疑的前奏。

母亲通常是孩子生活中接触最多、情感最为依赖的人，也是对孩子有一定权威的人，因此孩子对母亲的评价相当看重。少说或者避免说"你自命高雅""你懒惰""你以自我为中心""你能力很差"这类的定性孩子某种品性的话语。比较恰当的表达应该是："即使这件事没做好，并不表示能力低下，是不是可以试试其他方法？"具体分析没能成功的原因，下次才能更好。防止孩子不由自主地归因于"我就是能力差"，迷失了对自己的认知，产生自我怀疑，久而久之，这样的品性就可能会真的成为一种发展的桎梏，将孩子囿于其中无法突破甚至放弃去突破的努力。

与煤气灯效应相反的是"手电筒效应"。中国的传统相声里，有一个很著名的段子：在漆黑的房间，一个人竖起手电筒，打开开关，告诉另一个人，顺着这个光柱，就能爬到天花板。另一个人就顺着向上的这束光往上爬，拿手电筒的人不断给向上爬的人鼓励、叫好，眼看着要触碰到天花板了，咔嚓，下面拿手电筒的人把开关关掉了，上面的人一下子就掉到地上，摔得很惨。这个笑话流传很广，也隐喻了言语活动中的一种现象——不切实际的赞美、鼓励，并不能真正让人获得成功，反而会因为预期调高了，兴冲冲至，凄惨惨归。

很多时候，母亲会被所谓的"积极教育"蒙蔽，以为赞美孩子，就会让孩子获得信心和动力，勇敢地面对挑战，最终获得胜利。经常对孩子说"你是最棒的""你最聪明""你能力超强，一定可以"，仿佛就是竖起的手电筒的光，再优秀的孩子都不可能永远是No.1，于是成为第二名就成了挫折，继而怀疑这些赞美的真实性，降低抗压能力，甚至自暴自弃走向这些赞美的反面。有效用的赞美应该具体，"你这次做得不错，很棒！""你很仔细，避免了失误，下次争取继续保持这样的状态""你能照顾到其他人的感受，妈妈为你点赞"。

而母亲自己，也常常受到"为母则刚""妈妈是超人，无所不能""只要足够努力，就能成为完美母亲"的激励，对自我能力认知产生偏差，对自身局限认知不足，预期过高，受挫更大，遇到失败就很快将自己归因到能力不足或者不够努力，进而产生愧疚。

英国哲学家朱利安·巴吉尼（Julian Baggini）[11]说："'我'是一个动词，却伪装成名词。纵观一生，我们每个人像捕鱼一样抓捕自我，自我变化太快，太难确认。"常常，每个人都很难抓到那条"鱼"，认知自我，本身就是一个终身命题，所以，母亲不断地向外界搜索期待，向他人获得确认，同时，母亲自己也是孩子获得确认的途径。于激流中，不被他人的言语控制，不施以孩子言语绑架，"煤气灯"和"手电筒"，皆可引为鉴戒。

区分控制型母亲、照顾型母亲、支持型母亲的表达

言语活动反应认知，是可以用来分析一个人的思维的材料。前文中A遇到的男性权威人士脱口而出的：你的小说不像女性作家写的。从这句话倒推，就不难发现，他对于女作家的作品有他的预设，会在接触她们的作品时，用原有的预设去框定、去评判。

日常生活中，母亲的表达，也能反映出母亲和孩子互动的方式和风格。控制型母亲，期望孩子的每一步发展都在自己的掌

控之内，通常认为成功就是千军万马过独木桥，过不去人生就失败了，人生有一个时间表，在某一个时段必须完成某个任务，过了这个时段就覆水难收。她们这样定义自己，也依次来规划和掌控孩子的人生。如果一位母亲经常对孩子如此表达——"**你只有……，才……**""**如果不……，你就不能……**"，那这位母亲大概率就是控制型母亲。

照顾型母亲认为世界凶险，必须盯紧和照顾好孩子的每一步，她们把孩子的人生看成是自己人生的一部分，愿意为之付出所有的努力，与孩子一起成功。很多经济条件好的家庭在财力允许的情况下，请一个或者几个家教辅导功课、一个心理辅导师调节孩子的各种心理不适、再有一个学业规划专家定期与孩子的家长沟通，探讨每个时段需要发展的内容以及如何落实实施……照顾型母亲经常的表达是："**你应该……**""**我们努力去做……**""**现在该是做……的时候了。**"她们会将自己代入孩子需要完成的活动或者任务中，并且时时刻刻提醒孩子。如果孩子在取得成功的过程中所花费掉的所有能量里，有60%来自母亲的付出，那就只给孩子剩下40%的努力空间了。如果孩子在某个阶段出现曲折或不顺利，母亲会感到沮丧，于是增加更多"筹码"，甚至进一步占据了90%的能量，那么孩子的反应也就只能是再退一步，只做出10%的努力。与母亲的努力形成鲜明对比的是，孩子往往自己就跟没事人儿一样。

很多母亲也学习和了解过人类大脑发育的相关研究——除了刚出生的头几年外，孩子的大脑在12到18岁比其他任何一个年龄段都发育得更高效。青春期的大脑已经在构成重要的新的神经通路和神经连接，但前额皮质的决策判断功能直到孩子25岁左右才会最终发展成熟，而情绪控制功能成熟得更晚，大约需要到32岁。那么，多给予孩子些指导、帮助，甚至是代替他们作判断决策，似乎也是必要的。但是，孩子人生发展中最为关键的"内驱力"的形成和培养，是需要从小开始的。假设真的有一种可能，母亲控制住孩子，全方位照顾好孩子，也真能把孩子打造成自己所期待的模样，但代价是孩子本人对生活的自我控制、源发于内心的渴望的自我驱动力逐步弱化，放弃独立思考和自我掌控，过由别人说了算的日子，那么如此的控制和照顾，又有何意义？

支持型母亲会鼓励和支持孩子去做各种探索和尝试，找到个人的兴趣和擅长的领域。在学校教育阶段，必须完成某些课业任务时，会让孩子明白"这是你的学业，这是你的生活，你现在的付出，决定你的未来"。激发他们的自我驱动力，支持型母亲为了让孩子达到预期的目标，会引导孩子考虑自己的愿意，作出自己的承诺并付出努力。同时，她们会提供建议，却不会强迫孩子必须做出改变，因为她们坚信，"做出改变"在本质上是孩子自己的事。她们经常的表达是："如果A，那么……；如果B，那么……；你选择A还是B？""因为你想要做A，那么我们看需要哪些步骤。""即使达不到A，我也支持你去尝试。"

认知语言和言语对世界、对人生的塑造力，共情地反馈情绪情感，警惕言语伤害和言语操控，以"支持型"言语界面介入亲子关系。

母亲，以怎样的姿态跟世界对接；孩子，获得怎样的来自母亲的力量；从母亲开口的一刻、落笔的一瞬，已然显露。

注释：

1 米兰达·弗里克（Miranda Fricker），英国伦敦大学哲学系讲师，代表作品《知识的不正义》，主要探讨认知领域内的不正义现象。

2 凯特·曼恩（Kate Manne），美国女性主义学者，著有《应得的权利》。

3 索绪尔，全名弗迪南·德·索绪尔（Ferdinand de Saussure），结构主义创始人，瑞士作家、语言学家，被称为现代语言学之父。

4 萨丕尔和沃尔夫是两位语言学家，同时也是师生关系。萨丕尔-沃尔夫假说，也被称为语言相对论（linguistic relativity）。

5 罗伯特·金·莫顿（Robert King Merton），美国社会学家，被称为"科学社会学之父"。他在社会科学、大众传媒、社会政策等方面都有十分卓越的研究。值得一提的是，他的儿子罗伯特·莫顿，在1997年获得诺贝尔经济学奖，他的经济学研究深受其父亲社会学研究的影响。

6 马歇尔·卢森堡（Marshall Rosenberg），师从人本主义心理学之父卡尔·罗杰斯，国际非暴力沟通中心创始人、全球首位非暴力沟通专家。

7 《伯德小姐》（Lady Bird），2017年上映的美国电影，获得第90届奥斯卡金像奖最佳影片提名、第75届全球奖最佳影片。

8 伯德小姐，Lady bird，直译为鸟小姐。

9 维特根斯坦（Wittgenstein），奥地利哲学家，20世纪最重要的哲学家之一。他的主要研究对象是语言，主张语言是人类思想的表达，是整个文明的基础，哲学的本质只能在语言中寻找。代表著作《逻辑哲学论》和《哲学研究》。

10 2007年，美国心理学家罗宾·斯特恩（Robin Stern）结合20年的临床经验出版了《煤气灯效应：远离情感暴力和操纵狂》。该书出版之后，"煤气灯效应"被广泛地运用于心理学领域，后不断延伸扩展到哲学、政治学等领域。

11 朱利安·巴吉尼（Julian Baggini），英国哲学家和作家。以纠正逻辑混乱、思维混乱为目标的著作《你以为你以为的就是你以为的吗》（Do You Think What You Think You Think），中译本于2012年在中国出版。

Chapter 5

成就的野心——母亲的自我效能

成就"我"的故事，

故事"属于我"（ of me ），

是我对这个世界的贡献和因此而得的贡献感；

故事"经由我"而来（ by me ），因为"我—能—赢"；

故事"为了我"（ for me ），为了"我"的心安和完整。

每个故事，都是生命迷人亦多彩的可能。

母亲不可被剥夺的贡献的机会

如何摧毁一个人？鲁迅在他的小说《祝福》里，只用了四个字——你放着罢！

丈夫早逝的祥林嫂，偷偷从婆家跑出来到鲁四老爷家里做工，虽然作为寡妇被别人看不起，但因为她能干，有着正当二十六七岁的好体力，做事丝毫不懈怠，又全身投入不惜力气，在东家也算站稳了脚跟——"人们都说鲁四老爷家里雇着了女工，实在比勤快的男人还勤快。到年底，扫尘，洗地，杀鸡，宰鹅，彻夜的煮福礼，全是一人担当，竟没有添短工。然而她反满足，口角边渐渐的有了笑影，脸上也白胖了。"那是祥林嫂在鲁镇最幸福的时光，她基本的生存和温饱都已经实现，作为一个个体，她被东家需要，她的价值得到肯定。好景不长，祥林嫂被抢走、被欺凌，但她坚韧地活了下来。第二任丈夫病故，她也还能像野草一样坚韧地带着小儿子阿毛勉强过活。当儿子被狼叼走之后，她无依无靠再次来到鲁四老爷家里帮佣，虽然已经没了当年神采，"手脚已没有先前一样灵活，记性也坏得多，脸上整日没有笑影"，但也基本可以完成一个女佣的职责，所以，鲁四奶奶即便看她并不顺眼，口气上颇有些不满，可是能找到像祥林嫂这样的女佣也不容易，也便留下了她。

如果故事在这里结束，祥林嫂未来的人生是可以预见的——用时间慢慢疗愈她丧子、丧夫之痛，继续孱弱但坚韧地生活，生命的气息随时光流转，慢慢消逝。让她轰然崩塌的是，她意识到她的经历让她被阻隔在她期待参与的事件之外——那是鲁镇的年终大礼，新年"祝福"，"杀鸡，宰鹅，买猪肉，用心细细的洗，女人的臂膊都在水里浸得通红，有的还带着绞丝银镯子"。能够参与其中，于祥林嫂是辛苦的快乐和满足。然而，在鲁四老爷眼里，祥林嫂一女嫁二夫，是"败坏风俗的，用她帮忙还可以，祭祀时候可用不着她沾手"，否则，"不干不净，祖宗是不吃的"。所以，一年之中最重大的庆典、她曾经充当主力的工作，她已无从插手。即便她用尽所有积蓄"捐了门槛"之后，兴冲冲重新做起她最为熟稔的祭祀的事情，却被鲁四奶奶一句"你放着罢"当头棒喝，认清了自己的处境。从此，她"只有那眼珠间或一轮，还可以表示她是一个活物"。

当然是礼教杀人不见血，是礼教塑造了祥林嫂周遭环境里人们看她的目光、对待她的方式，塑造了压迫她、侮辱她的处境。但对于祥林嫂这位底层母亲、命运多舛的中年女性来说，"你放着罢"这四个字，才是最为具体、最为可感的绝境，意味着她永远无法像其他普通女人一样，参与她想参与的神圣的祭祀工作。再坚韧的生命，都可以被摧毁成"活死人"——祥林嫂被剥夺了贡献自己的机会，被剥夺了贡献感。

人无法独立存在，需要确认自己存在于共同体之中，找到自己在整体中的位置。阿德勒（Adler）[1]提出，在整体中确认自己的位置，必须通过社会实践，简单地说，就是为他者作出贡献。因而，幸福，等同于贡献感。贡献分大小，但贡献感是自我融入于共同体之中所体会到的被需要、体会到的价值被认可，是一种经由与他者的互动而获得的自我确认。祥林嫂也正是丧失了贡献感：生，知自己已被视为污物和异类；死，惧被两任丈夫撕抢成两半。于是，祥林嫂彻底被击垮。

对于母亲来说，首先要成为一个幸福的人，才有可能成为幸福的母亲。

母亲的幸福主要来源于作为个体的贡献感和作为母亲的贡献感。

比尔·盖茨的前妻梅琳达·盖茨，30岁那年嫁给了自己的老板，第二年，丈夫就成为福布斯全球富豪排行榜上的首富，并且在之后的13年里一直蝉联此桂冠。梅琳达从小成绩优异，加入微软是她的第一份工作，8年里，她取得了傲人的成绩，成为部门主管，带领着百余人的团队。婚后，梅琳达告别职业生涯，当起了全职主妇，养育了3个子女。但是她说："我经常想，当我的小女儿上了全日制学校之后，我会逐步走上前台。"——走上前台，即实现个体的价值，作出个体的贡献，获得贡献感，梅琳达担任了全球最大私人慈善基金会——比尔与梅琳达·盖茨基金会的联席主席。

在她的慈善工作生涯里，梅琳达挑战了"慈善事业应该由拥有巨额财富的亿万富豪来做"的观念，而是提出，无论资源如何，任何人都可以成为一个慈善家并对社会产生影响。除了奉献时间、捐献金钱或利用某一领域的专业知识，她提出一系列捐赠的日常应用场景，并提供了确定可操作的目标。同时，她致力于全面促进家庭、社区和社会的健康与繁荣；为女性增权赋能、帮助她们充分实现自我潜能，也成为她的工作重点。正是这些努力让梅琳达的慈善力量远远超出了世界上最大的私人慈善基金会的范围。她已经成为最具变革意义的捐赠者之一，她提出的"当所有声音都能参与到解决方案当中时，我们才能实现真正进步"的观念是对慈善事业的多维拓展——为每个个体提供贡献的机会，让他们获得贡献感，同时还能帮助更多需要帮助的人。在她看来，"在我生命的最后，我做了哪些事情并不重要。重要的是，我的家人和朋友是否爱我，**我是否以某种方式改变了这个世界**，并让下一代人生活得更好，我希望我做到了"。

以某种方式改变世界，是每一个生命个体的内在需求，即参与到共同体之中，用每个人特有的方式，贡献这个世界。这让人想起博尔赫斯改变撒哈拉沙漠的名言：

> 我在离金字塔三四百米的地方弯下腰，抓起一把沙子，默默地松手，让它撒落在稍远处。
>
> 低声说：我正在改变撒哈拉沙漠。
>
> 这件事微不足道，但是那些并不巧妙的话十分确切，我想我积一生的经验才能说出那句话。
>
> ——《地图册》[2]

获得贡献感，不论贫穷还是富裕，不论资源匮乏还是充沛，不论学富五车还是目不识丁，都是一个人安身、安心之本，自己不可以放弃，更不允许他人剥夺。

而作为母亲的贡献感，是凭借时间、精力、财力的付出，是对孩子成长过程的参与，如果被剥夺、被否定，就是对生命最痛的暴击。在张爱玲的笔下，母女关系是一个非常重要的主题，她的散文中有大量关于她母亲黄逸梵的书写，小说中刻画的母女关系也令人印象深刻，极其复杂、扭曲，甚至常常冰冷刺骨。究其原因，很大程度上，是因为母亲对于张爱玲影响至深。

黄逸梵从小缠足，以三寸金莲跨越晚晴和"五四"两个时代，进入旧式婚姻，又远渡重洋留学。后来她回国、离婚，并再度移居海外。她身上具有"五四"新派女性的浪漫和个人主义者的意气风发。她支持女儿到香港读书并且承担费用，教女儿做自食其力的现代女性。张爱玲自传体小说《雷峰塔》里的母亲，也有这样的举动——她告诉女儿："人的一生转眼就过去了，所以要锐意图强，免得将来后悔。我们这一代得力争才有机会上学堂，争到了也晚了，你们不一样，早早开始，想做什么都可以。可是一定得受教育，坐在家里一事无成的时代过去了，人人都需要有职业，女孩男孩都一样，现在男女平等了。"这对于小说中的女儿简直是"仿佛有人拨开了乌云，露出了青天白日"一般醍醐灌顶的箴言。也正是这样的教育方式，很大程度影响了张爱玲的人生观和价值观，她以自己的文字为生，成为独立的职业女性。然而，在她晚年的作品《小团圆》里有堪称20世纪中国小说史上最为寒凉的一幕——女儿问母亲，这些年你为了养我，花了多少钱？母亲算了算回答，大概二两金子。女儿拿出二两金子，说，你为我花了那么多钱，我一直心里过意不去，这是我还你的。母亲顿时流下泪来："就算我不过是待你好过的人，你也不必对我这样。"这一幕，彻底摧毁了一个母亲，这是来自至亲女儿的最残忍的剥夺——作为母亲，你不必再为我做任何事，你曾经做的那些、你以为的不求回报的付出，我都明码标价地还给你。

现实生活中，1957 年黄逸梵在伦敦去世，生前她整理了一箱子的古董、字画等物品寄给了远在美国的女儿张爱玲。后来，在张爱玲写给丈夫赖雅的信中曾提及："我曾想提取彼得堡的'垃圾'，并非为自己，而是到华盛顿销售，我们好过日子。"这里所说的"垃圾"就是母亲的遗物。彼时，张爱玲在美国写作出版不顺利，收入受影响，丈夫又生病，需要负担医药费。可以说，是母亲的遗产让张爱玲度过了最为拮据困顿的几年。母亲对女儿的人生作出了最后的贡献，不得不说，这也算是一种莫大的安慰，只是她已经无从知晓。

人，需要"活出有用的感觉"，就是做的事情有价值、有结果、有成就，或者能够造福周围的人，这其实就是在造福自己，让自己可以幸福起来。

母亲成就的野心——我—能—赢！

一个人贡献感的大小来自两个方面：第一，就是客观上实际的贡献；第二，是对所作出的贡献的感知。为他者作出贡献，让行为和努力对于自己所处的共同体有价值，以及对这些价值的感知，决定一个人的幸福程度。期待做一个幸福的人，就永远不能放弃成就的野心。而想赢的方式，就是："我—能—赢"——了解我是谁，我想成为一个怎样的人，我能为他人贡献什么；信我"能"，对自己的能力抱有坚定的信念；最终走向赢，实现"我""能"，实现的"赢"的目标。

关于我

我是谁？是一个永恒的哲学问题。不同的哲学家和哲学流派对"我"都非常关注，也试图给出回答。心理学家的研究角度，更注重个体对于"我"的认识和觉察，因为，认识和觉察"我"、"我"与自身周围世界的关系，是个体一切行为和心理变化的起点。认识自己，回答我是谁，包括三方面的内容：一是个体对自身生理状态的认识和评价，包括对自己的体重、身高、身材、容貌等的认识，以及对身体的感觉的认识，比如痛苦、饥饿、疲倦等。二是对自身心理状态的认识和评价，主要包括认识和评价自己的能力、知识、情绪、气质、性格、理想、信念、兴趣、爱好等。三是对自己与周围关系的认识和评价，就是对自己在一定社会关系中的地位、作用，以及对自己与他人关系的认识和评价。

在认识自己的以上三个方面的基础上，美国心理学家卡尔·兰塞姆·罗杰斯（Carl Ransom Rogers）[3]提出了现实自我（real self）和与之相对应的理想自我（ideal self）。

现实自我，是对自己存在的感知、对自己意识流的意识。通过对自己体验的无偏见的反观和评价，个人可以认识"现实自我"。理想自我，代表个体最希望拥有的关于自我的概念和自我状态，是个体对希望自己是一个什么样的人的自我看法。罗杰斯认为，对于一个人的个性和行为具有重要意义的是他的自我概念，其中包含客观的现实自我，也包括与现实自我并不相符的理想自我。二者之间会有差距，但并非无法弥合，从现实自我出发，到达理想自我，实现自我的一致性，是正面关注自我的需要——现实自我和理想自我的概念，有助于认清"我"是谁，我想成为怎样的"我"，母亲以此为起点，才能将成就的野心转变成可感知的现实。

很多人都喜欢说，要成为更好的自己。所谓更好的自己，优于现实、当下状态的自己，是优于现实自我的那个理想自我。如何成就理想自我？行动。那么，怎样的行动，更能实现目标？

关于能

"能"当然指能力，去完成某项工作，去爱一个人，去帮助其他人，都需要一个人的能力。但是，能力如何更好地发挥，则需要对自己所拥有的能力的认知和确信。

心理学家阿尔伯特·班杜拉（Albert Bandura）[4]在20世纪70年代首次提出了"自我效能"（Self-Efficacy）的概念，指的是个体对自己具有组织和执行达到特定成就的能力的信念，因此它是一种主观感受，而不是能力本身。自我效能控制着人们自身的思想和行动，是能力发挥过程中起核心作用的动力因素。简单说，就是人对自己的能力要有坚定的信念，一个人除非相信自己能够通过自己的行为产生所期待的效果，否则无法产生行动的动机，更无法到达前方的目标。因为，自我效能影响一个人在特定行动中付出多大的努力；在面临障碍和失败时能够坚持多久；从挫折和不幸中恢复的方式是自我妨碍、逃避式的，还是自我激励、帮助式的；在应对高负荷、高难度的环境时的应激水平和能力激活的水平。

研究者做过相关心理学实验[5]，揭示了自我效能和学业成绩的关系。实验中儿童的数学能力有三种水平，每一水平儿童数学的自我效能均有高低之分。结果显示，能力总体上对学业成绩起作用。但相同能力水平的孩子里，那些认为自己有解答数学能力的孩子比那些认为自己没有能力的，成绩更好。自我怀疑很容易使技能得不到展示，以至于那些有天资的人在不相信自己有能力的情况下，发挥不出他们的才能。而高自我效能，却可以帮助人在障碍面前，超水平运用他们的技能。

　　勇于创新的人，需要面临自我证实的独特问题，因为他们很容易被批评为追求奇异、故意吸睛，或者自找欺骗。一部电影、一本书，常常因为无法"对标"之前成功的作品，而得不到投资或者无法出版。任何一个在某一领域取得卓越成就的人，最明显的特征，就是拥有不可动摇的自我效能，对他们正在做的事情的价值，有坚定的信念。小说家萨洛扬（Saroyan）[6]在第一部文学作品出版之前，曾经被拒绝一千次以上。乔伊斯（Joyce）[7]的《都柏林人》这部经典著作，受到22个出版公司的拒绝。被15个出版社拒绝的卡明斯（Cummings）[8]的一部作品，后来终于得奖。当这部作品得以出版时，卡明斯用大写字母排印了题词——不感谢！后面是一系列曾经拒绝过他这部作品的出版人的名字。实际上，很多创新的人，在他们的有生之年，成果都未见得得到社会认可，如果他们曾经怀疑自己，被外界评价吓倒，变得懦弱，他们也无从在这个世界留下印迹。无论是心怀正义理想的政治家、科学研究领域的探索者，文学艺术或者社会科学研究领域的开风气之先的先行者，如果没有对自己能力和所选择道路的如同信仰般的信念，这个世界将会少了很多"美"、很多"好"。

"我"有能力，更要坚信"我"有。提升自我效能的方式依托于：第一，对于目标任务的既往直接经验；第二，来自他人的间接经验；第三，目标任务领域内的权威人士或者相关人士的言语说服；第四，自我的情绪以及动机。也就是说：第一，要去做；第二，要去学；第三，要去听；第四，要有渴望。

关于赢

"赢"，是赢得"我"期待达成的目标，是一场比赛，是一次攀登。眼里是前方的目标，心里是"赢"的动机和信念。

渴望赢的心态，能够调动起身体和心智机能积极活跃的状态，更有助于向目标发力。乒乓球世界冠军邓亚萍有一句很有行动指导力的话："想赢，就不紧张；怕输，就紧张。"这句话与心理学的研究成果异曲同工。有研究者用实验证实[9]，想赢、认为自己能赢的人会把当前的情境视作机会，他们想象成功的场景，给行为表现提供积极的指导。而那些怕输，或者认为自己不能赢的人，则将情境认定为冒险或者很难完成的任务，倾向于设想失败的场景，甚至全神贯注于个人缺陷，仔细琢磨事情如何可能出错。从目标完成的结果看，想象成功行为能提高成绩，想象错误行为则损害成绩。简单说来就是，想赢，才更有可能赢。

正是内心那种不可动摇的自我信念和想赢的愿望，支撑个体遇事理智处理，乐于迎接应急情况的挑战，能够控制自暴自弃的想法，在需要的时候，能发挥智慧和技能。而不是采取防御性、避免出错的行为，甚至在压力面前束手无策，受恐慌和羞涩的干扰，导致知识和技能被很多负向因素掣肘，无法全部发挥出来。

看！这是妈妈努力的回报

2021年，第93届奥斯卡颁奖典礼上，74岁的韩国女演员尹汝贞赢了！她获得了最佳女配角奖，成为首位获得奥斯卡演技类奖项的韩国人，创造了历史。在发表获奖感言时，她说："感谢我的两个儿子，是他们驱使我出来工作。"她拿起奖杯——"这就是回报，因为妈妈一直努力工作！"现场响起热烈的掌声，但是在场的人，也许并不知道"两个儿子驱使妈妈出来工作"，正是尹汝贞创造事业奇迹，获得至高成就的原动力。

时间退回到1984年，尹汝贞与韩裔美国人丈夫离婚。彼时她已经做了12年家庭主妇，突然要独立抚养两个孩子，迫切需要工作。她也曾想过去佛罗里达州的超市做收银员，时薪2.75美元。但是她的好友、韩国资深电视剧编剧鼓励她，你不要浪费你的才华，你要演戏。

班杜拉在阐释"自我效能"如何提升的时候，特别提出了"言语说服"的作用，言语说服，是他人对个体已有知识技能做出的、与获得成就相关的恰当鼓励，而不仅仅是空洞的赞美。很多年以后，尹汝贞对于这位资深编剧的鼓励仍然记忆犹新。的确，在她的发展道路上，领域内权威人士兼同伴的"言语说服"在人生的最关键节点，起到了最为关键的推动作用，提升了她的自我效能。而这位资深编剧的话，绝非凭空而来。早在远嫁到美国之前，尹汝贞已经取得了傲人且独特的成就。

尹汝贞22岁进入演艺圈，业内对她的评价是，不属于"美女"类型的演员。最初，她演的角色都是配角甚至龙套。但是她身上有非常独特的气质，和当时苦情、柔美的女性角色非常不同。在韩国影视界走过了最初的探索阶段，开始向多元化发展的当口，她的独特有了展示的空间。24岁，在她的电影处女作《火女》里，尹汝贞饰演不被命运牵着鼻子走、有强烈自主意识、颇具破坏力的女性，而她也凭借在电影里让人惊叹的表演，打破韩国影坛既有纪录，一举成为青龙奖、大钟奖双料影后，走上巅峰。同期她主演的电视剧《张禧嫔》在韩国风靡一时，而之前的张禧嫔的角色都是由韩国历代美女饰演，尹汝贞赋予了这个人物狠辣、野心勃勃的崭新演绎方式，动作、台词都与历代张禧嫔的角色大不相同。后来，韩国的综艺节目这样介绍她："20岁时像彗星一样出现的TOP明星。有外国人一样成熟的美貌和演技，横扫国内外电影界。"她真的仿佛彗星般划过天际，瞬间消失在大众的视野，获奖后第二年，就退出演艺圈，成为全职主妇。

有很多人，年纪很轻，就在事业上取得辉煌成就，也在随后的岁月里，用一生的轨迹证明，曾经的辉煌已然是人生的制高点，再无超越。但尹汝贞不同，获得韩国20世纪70年代女演员可以取得的最高成就之后，时隔50年再次突破韩国的纪录，荣膺奥斯卡金像奖。两个高峰之间的50年，是跌入谷底后凭借无所畏惧的勇气咬牙攀登的50年。她说："现在回头看，我是一个非常勇敢的人，也许我是无畏的，我没有任何恐惧。"无畏，就是不怕输。她想赢，并且坚信："我—能—赢！"

带着两个孩子从美国回到韩国，尹汝贞重新出现在公众面前时，已经39岁。她那时的状态，令昔日的合作伙伴都非常惋惜——她青春不再，嗓音沙哑，看上去饱经风霜。当时韩国社会对于离异女性并不接纳，她很少能接到戏，好不容易能有拍戏的机会也是一些很小的角色。她后来回忆，回归演艺圈的那段日子，偶尔有刚刚出道的后辈指导她演戏，"那已经不单是令人反胃，我自己都想咬舌自尽"。但是她和两个儿子要生存，她说，我要让他们有饭吃，我要让他们受教育。因此，再小的角色，再低的酬劳，再憋屈的工作环境，她都竭尽全力。

这是背负养育两个儿子重担的母亲的逆袭故事，但养育儿子的动力，只是故事的原点，真正让尹汝贞再次登上事业高峰的原因在于她是一个自我效能信念极强的人。她一直坚持自己的表演风格，即使观众打电话到电视台投诉她，即使很多时候并不被业界接受，她依然坚持。面对挑战，她从不会犹豫不决。

被大多数人否定的时候，甚至自己都看不到成果、梦想似乎遥不可及的时候，最为考验一个人的自我效能。她的一位合作伙伴这样评价她："尹汝贞老师有先见之明的地方是，她知道一个多样化的时代会到来，当然过程中也会遇到阻力，阻拦多样化挑战的压力，以及生计之类的，但是，她承受住了那些压力，最终争取到了她想要的。"这跟无数次被退稿的作家多么的相似，是对自我能力的坚定信念，才能直面惨淡的人生，依然对自我有确信。

成就属于自己的故事

当然，自我效能高，但客观实际能力很低，成就的野心就会成为无本之木、无源之水。而提升能力，并无捷径，最简单也是最艰难的法则就是：选择/决定＋坚持＋时间。

生活由一个又一个选择组成，基于自己的愿望—结合客观的环境—考量自己当下拥有的能力和资源—设定目标—行动起来，而行动之后，还要依靠坚持和时间。这个法则看起来并不难，但真正能做到却需要强大的意志力。想减肥？就去运动，很多人确实可以减肥成功，到达理想体重，但成功后，不反弹的人，少而又少。为什么？他们凭借努力，获得阶段性的成功，最终却败给了时间。体重大到已经危害到身体健康的人，做了一个小而明智的选择——减肥。运动一年，减肥10斤，停了运动，半年不到，体重就都回来了。想学一门乐器，即便不以此为职业，也是一个优化人生质量的选择，最终学到什么程度，取决于每天投入多少时间，并且坚持多少年。艺术表演领域有一个大家都认可的说法：一天不练，自己知道；两天不练，老师知道；三天不练，观众知道。想要写作，就每天写。写作这种从0到1的创造性脑力劳动，很多作家都是靠着坚持和时间，一步一步向前，给自己规定目标，每天写1 000字，哪怕500字，状态好的时候要写，状态不好的时候也不能停，唯有如此，一部数十万字的作品才能被书写出来。行百里者半九十，不积跬步无以至千里，只要功夫深铁杵磨成针，冰冻三尺非一日之寒，滴水穿石、绳锯木断、锲而不舍……之类成语，凝结和积淀了古往今来人们积累的智慧，之所以有如此多的成语在强调坚持和时间的力量，也从一个侧面反映出，太多的智者都意识到，坚持和时间，对于技能学习、成就取得的重要意义。

提升能力，期待有所成就，还要看从事什么。如果从生活方式的角度，以获得幸福为目标，就要厘清倾注精力和时间去做的事情究竟是什么？

为了生存和温饱，奉人之命的有偿劳动，无关好恶，是工作（job）；利用专长谋生的差事，可能喜欢也可能并不喜欢，是职业（profession）；无论能不能赚到钱都会做事，是天职（vocation）。"天职"，也称"志业"，是马克斯·韦伯（Max Weber）[10]从伦理的高度审视"工作"提出的概念。天职，不是为了养家糊口，而是个人自我实现的皈依、自我认同的使命。他的《以学术为志业》和《以政治为志业》两篇演讲，一百多年来激励了一代又一代的年轻人。志业，也是他思考自己人生时最为关切的问题。他的夫人玛丽安妮在1902年的日记中这样写道：

> 他再次表明了是什么东西让他痛苦不堪……领着一份薪水，可是在能够预见的未来却一事无成，……对于我们来说……只有承担一项天职的人才是个完整的人。

天职、志业，超越了单纯作为谋生手段的工作和职业，是一种听从神圣召唤、怀有信念感和使命感的活动。与中国文化中"天将降大任于斯人也"（《孟子》）降于人身上的"大任"，是相通的。天职，是那些为获得生命意义非做不可的事，是做了才能安身立命、得到尊严、获得成就感的事。而做这些事的同时又能支撑生存和温饱，也就是说，一个人若是工作（job）、职业（profession）、天职（vocation）能够合体，实在是无上的幸福。

也只有承担一项天职，人才有最为饱满的状态，不会被困难阻挡，也不会因为短暂的安逸，就放弃进一步的发展和提升。马克斯·韦伯在谈及以政治为志业的时候，曾掷地有声地阐述了，面对阻力，唯有以所做的事为志业的人，才能永远不被击垮：

> 谁有自信，能够面对这个从本身观点来看，愚蠢、庸俗到了不值得自己献身的地步的世界，而仍屹立不溃，谁能对这个局面而说"既是如此，没关系"，谁才有以政治为志业的"使命与召唤"。
>
> ——《以政治为志业》

他也曾经对农业和纺织厂的劳工做过考察，发现了一个有趣的现象：当计件工资提高之后，很多工人的产量反而下降了。也就是说，很多工人在赚到一定数量的钱之后就知足了，不想再劳动了。究其原因，就在于如果不是因为从事志业，物质上的满足和精神上"知足"的心态，会让人止步不前。

成就"我"的故事，故事"属于我"（of me），是我对这个世界的贡献，也是我因此而得的贡献感；故事"经由我"而来（by me），因为"我—能—赢"；故事"为了我"（for me），为了"我"的完整。每个故事，都是生命迷人亦多彩的可能。

每个人的贡献感都不可被剥夺，要有成就的野心，为野心去努力，努力有路径。在路上，要相信我可以。

自我成就和贡献孩子，矛盾吗？

如果我们的母亲去做她们在世上必须完成的其他事情，我们便会感到她抛弃了我们。母亲能扛住人们褒贬不一的评论是个奇迹，那些评论是用世俗最毒的墨水写就的，这种毒墨水足以让她们发疯。

——［英］德博拉·利维[11]（Deborah Levy）《生活的代价》

　　母亲成就个人的野心抱负、自我实现，和为孩子作出贡献，是不是矛盾？

　　这个问题很难回答。每个母亲一天之中有24小时，相应的精力和体力有上限。如果仅从时间和精力的维度去衡量，就会陷入零和游戏的博弈，似乎此多彼少，无法两全，必然是矛盾的。

　　演员马伊琍直言：我从不相信谁可以光鲜亮丽地把成功职业女性和合格优秀的妈妈同时做好。一定会有所牺牲。我出去拍戏的时候，是孩子在牺牲，不拍戏的时候，晚上我是从来不出去的，陪两个孩子。韩国的尹汝贞也很无奈，因为工作太忙，两个儿子吃不到母亲做的饭，让她很遗憾。好在像她一样豁达幽默的儿子化解了她的心结：吃不到妈妈做的饭，我们都很瘦，就不用减肥了。

　　但母亲和孩子的互动，如果仅用时间和精力去评判，维度就太过单一。两代人之间，还有"爱"这个维度，而爱，不会被切分，而是会叠加。一个母亲有三个孩子，并不是把10分的爱平均分给三个孩子，而是给到三个孩子每个人10分的爱——爱，可以无限滋长，是胜过时间的力量。从孩子的角度来说，被爱的感觉，会在记忆中生根，成为一生不会被动摇的安全感的源头。

　　艾伟在他的小说《过往》[12]中，塑造了一个在文学史上很"另类"的母亲形象。她是一个越剧演员，舞台上光彩夺目，红遍全国。生活中却与三个子女疏远。在儿女眼中，她的身上有一堆毛病——"自私、说谎、逃避责任，可她一旦穿上了戏服，站在观众面前，这些毛病顿时变得不那么重要了，她的光芒让这些毛病显得无足轻重。"为了事业发展，她离开家乡，来到省城。后来丈夫失踪，她再嫁一位北京的老干部。而未成年的三个孩子，就留在小城相伴着野蛮生长。晚年，她身患绝症，回到故乡，联络上久未联系的儿女。而此时的三个孩子，老大进过监狱，老二传承了她的衣钵在越剧团唱戏，最小的女儿已经住进了精神病院——早年，没有父母照料的她被小混混欺骗意外怀孕，到省城找母亲，母亲却因为北京的领导点名要她去唱戏，她就让哥哥带妹妹去堕胎。小女儿经历身心巨大的折磨后，精神失常。如今，三个孩子根本无法接纳这位不久于人世的母亲。小说的最后，母亲偶然得知有仇家要杀大儿子，她持刀杀死了那个仇人。两代人之间的巨大裂痕，因为舍己救子的母爱，似乎有了弥合的可能。

然而，现实比文学作品更加幽微、复杂得多。张爱玲的母亲将遗产全部给了女儿，但是在张爱玲的描述中，那些遗产，那些帮助她度过拮据岁月的母亲的遗物，是需要处理的"垃圾"。关于她们母女关系的研究很多、猜测也多，其中大多都是无法印证的孤例或者推测。比较可信的还是见于张爱玲的散文。母亲黄逸梵放下一双只有三四岁的儿女，出国留学，回来之后跟丈夫离婚。少女时代的张爱玲离开父亲家去投奔母亲，母亲出钱让她继续读书。然而，她这样写道："看得出我母亲是为我牺牲了很多，而且一直在怀疑着我是否值得这些牺牲。"[13] 向母亲伸手要钱时，她这样记述："向母亲要钱，起初还是亲切有味的事……可是后来，在她的窘境中三天两天伸手问她拿钱，为她的脾气磨难着，为自己的忘恩负义磨难着，那些琐碎的难堪，一点点的毁了我的爱。"[14] 在张爱玲的晚年，她收到台湾一位女作家寄来的散文集，书中作者记录了与85岁高龄老母亲的朝夕相伴的生活细节。张爱玲深受触动，给这位女作家回信：

> 真感动人，同一局面，结果总是疏离，没有足够的爱去克服两个世界的鸿沟。有你这样的母亲才有你这样的女儿。有这样的母亲也不一定有这样的女儿。两个人都真运气，福气。[15]

人生迟暮，抚今追昔，她字里行间流露出的羡慕和遗憾，令人唏嘘。

如果母亲和孩子已经分属于两个世界，之间有巨大的鸿沟，那么也只有足够的爱，才可能跨越。

那么，如何去爱、给予爱、得到爱、自爱？

下一章详述。

注释：

1 阿德勒（Adler），奥地利心理学家，人本主义心理学先驱，个体心理学的创始人，他与弗洛伊德和荣格一起被人们并称为深蕴心理学的三大奠基人。

2 《地图册》，是阿根廷诗人、小说家、评论家、翻译家、西班牙语文学大师博尔赫斯游历世界各地写就的旅行随笔。

3 卡尔·兰塞姆·罗杰斯（Carl Ransom Rogers），美国应用心理学的创始人之一，1947年当选为美国心理学会主席，1956年获美国心理学会颁发的杰出科学贡献奖。

4 阿尔伯特·班杜拉（Albert Bandura），美国心理学家，新行为主义的主要代表人物之一，社会学习理论的创始人。其社会学习理论影响到教育、管理、大众传播等社会生活领域。

5 参见柯林斯（Collins, 1982）关于自我效能、能力与成就行为的研究，班杜拉的研究团队（Bardura & Jourden, 1991; Wood & Bandura, 1989）所做关于"影响复杂决策的自我效能调节机制"的研究。

6 萨洛扬（Saroyan），美国小说家、剧作家，作品拥有一种离奇的幽默感。《快乐时光》曾获得普利策戏剧奖，但他拒绝领受。代表作品有《人间喜剧》等。

7 詹姆斯·乔伊斯（James Joyce），爱尔兰作家、诗人，后现代文学的奠基者之一，其作品结构复杂，用语奇特，极富独创性。

8 卡明斯（Cummings），美国诗人，对现代诗歌的技巧进行实验性探索的大师，他的诗歌内容并未背离传统，但是他在诗歌形式上所进行的各种尝试新颖奇特、别出心裁。

9 相关研究参见 Krueger & Dickson, 1994，《相信自己，助力挑战任务：自我效能与机会认知》。

10 马克斯·韦伯（Max Weber），现代西方极具影响力的思想家，与卡尔·马克思和埃米尔·杜尔凯姆并称为社会学的三大奠基人。

11 德博拉·利维（Deborah Levy），英国小说家、剧作家、诗人。曾被《泰晤士报》赞为"当代英语小说领域最激动人心的声音之一"。

12 艾伟，中国当代作家。《过往》2022年获得第八届鲁迅文学奖中篇小说奖。

13 参见张爱玲《童言无忌》，收录于《张爱玲散文全编》。

14 参见张爱玲《私语》，收录于《张爱玲散文全编》。

15 参见姚宜瑛《她在蓝色的月光中远去——与张爱玲书信往来》，收录于陈子善编《记忆张爱玲》。

Chapter 6

向"有条件的父爱"学习——母爱的能力

便只能先从觉醒的人开手，各自解放了自己的孩子。

自己背着因袭的重担，肩住了黑暗的闸门，

放他们到宽阔光明的地方去；

此后幸福的度日，合理的做人。

——鲁迅《我们现在怎样做父亲》

关乎生命质量的人生课题与母爱

一个人一生中需要面对哪些人生课题？

对于这个问题的回答，关乎如何选取生命的要素，如何实现要素之间的关联，进而建构起幸福的人生。这是关于幸福的追问，每个人都会基于自己的境遇作出回答。而无数贤人智者用他们的思考点亮了人生行路上的灯，给人类以指引。

1879年，9岁的奥地利男孩阿德勒，小学毕业。年幼时的他，体弱多病，成绩平平，机缘巧合，他进入了14年前弗洛伊德就读的中学继续学业，也一生与弗洛伊德结下不解之缘。进入中学以后，他从一名差生变成了优等生，直至在维也纳大学拿到医学博士。但由于对人类精神问题的强烈兴趣和关注，他从一名眼科医生转身投入精神分析学派。40岁那年，阿德勒当选为维也纳精神分析学会的主席，成为弗洛伊德精神分析理论的坚定追随者。让所有人都没有想到的是，一年以后，他辞去了主席的职位，以一个精神分析学派的反叛者的姿态，开始了对精神分析学派的更为深远的拓展——他反对弗洛伊德的性决定论，强调社会文化因素在人格形成和发展中的决定作用，重视人作为社会人的意义，并且组建了个体心理协会，创立经典精神分析的另一个派别——个体心理学流派。

强调人作为社会人的意义的阿德勒，以尊重个体的发展和自我实现为出发点，提出了人生的三个课题：工作课题，交友课题，爱的课题——人为了在世界上生存并且健康地生活，需要结合环境和自身的优势完成某种工作；个人占有资源的有限和个体在生理及心理方面的局限，需要人与他人建立连接、相互合作、分享合作成果，为此，则势必要完成交友课题；同时也会与人相爱，发展成恋爱关系还有可能结婚，这就是爱的课题。阿德勒把作为个人的"自立"和在社会中的"和谐"作为成就幸福人生的重大目标。那么，如何才能实现这些目标呢？阿德勒说，认真面对这三大人生课题。

胎儿离开母体后，与母亲的连接最为紧密，依赖母乳和母亲须臾不离的照料，最早感受到的就是母爱。这几乎是动物的本能。地质古生物学家的研究表明，昆虫也有母爱，而且母爱体现的适应行为至少可追溯到中侏罗纪。2亿年前的昆虫卡拉划蝽，部分雌性个体的左中足胫节上可见5到6排紧密排列的、每排6到7个长度为1.14毫米至1.20毫米的卵，由卵柄附着在胫节上。科学家认为，卡拉划蝽的携卵行为可以在孵化过程中为卵提供物理性保护并有效防止卵的干燥和缺氧，对其演化和繁殖具有重要意义。但此类无私的母爱保护行为可能会付出较高的代价，比如增加被捕食的风险。而神经生物学家用老鼠进行的实验研究也发现，被剥夺母爱的老鼠会发生慢性应激，母爱剥夺可以导致其神经解剖及生化、生物节律、神经内分泌等方面发生改变，也会导致大鼠成年后遇到应激时出现焦虑或抑郁状态。

作为本能的母爱如果被剥夺，对于人一生的影响都很大。"三大人生课题"中，爱的能力，狭义上是情感伴侣间的爱，广义上是爱每一个具体的人的能力，最初都在家庭中习得。爱的能力，也会影响其他两个人生课题的实现和完成——拥有爱的能力，会更有助于交友和工作。而这一切，都关乎一个人的生命质量。

习得爱，母爱是最初的资源，也是最重要的宝库之一。

莎士比亚的四大悲剧《哈姆雷特》《李尔王》《奥赛罗》和《麦克白》中，年轻女性人物的母亲都处于缺席的状态。《哈姆雷特》中奥菲莉亚的母亲一直没有出现，剧中也没有任何关于其母亲背景的描述。奥菲莉亚在家庭中的一切事宜，包括自己的感情问题，都完全服从于父亲和哥哥。《奥赛罗》中的苔丝狄蒙娜很小的时候就失去了母亲，由父亲抚养长大。《李尔王》中母亲的缺席是导致剧中悲剧发生的一个重要成因，三个女儿科迪利娅、里甘和戈纳瑞都有明显的性格缺陷和自我认同感的缺失，戏剧中的父女关系也因为母亲的缺席而恶化。《麦克白》中，没有感受过母爱的女主人公麦克白夫人，请求魔鬼将自己女性的柔弱抹去，取而代之的是邪恶与疯狂。与其说莎翁四大悲剧中母爱的缺席是一种巧合，不如说这正好反映了莎士比亚关于家庭的理想和他的人文主义关怀——在他笔下，没有感受到母爱的年轻女性，在人生道路上总是魔咒般地遭遇身份建构的危机，经历或者铸就个人悲剧和家庭悲剧。

如果母爱可以不缺席，怎样的母爱能帮助孩子更好地面对人生课题？

有条件的父爱和无条件的母爱

1956年，精神分析学派的另一位代表人物弗洛姆出版了《爱的艺术》。这本书语言简洁，用作者自己的话说就是："我努力在这本书里避免使用专业词汇，同时也尽量不援引别的资料。"《爱的艺术》一经出版，便受到最广泛的读者的喜爱，成为全球畅销书，半个多世纪以来被不断重印，并被翻译成三十几种语言。弗洛姆在这本书里，提出的核心观点是："爱是一门艺术，要求想要掌握这门艺术的人有这方面的知识并付出努力。"这里的爱，不仅仅是狭隘的男女爱情，也并非通过磨炼增进技巧即可获得。爱是人格整体的展现，要发展爱的能力，就需要努力发展自己的人格，并朝着有益的目标迈进，而人格整体且健康的发展，与母爱、父爱和自爱息息相关。弗洛姆关于母爱和父爱的论述，对于认知母爱的能力、剖析母爱对于人一生的人格塑造之助益或可能造成的缺憾，非常有启发价值。

弗洛姆论述母爱，是与父爱的论述相对照来完成的。

第一，母爱是无条件的，父爱是有条件的。一个孩子，什么也不做就可以赢得母亲的爱，因为母爱是无条件的，他只需要是母亲的孩子。母爱是一种祝福，是和平，不需要去赢得它，也不用为此付出努力。母亲是故乡，是大自然、大地和海洋。父爱是有条件的爱，父亲不体现任何一种自然渊源。人类生命最初阶段的食物来源——乳汁和贴身的照拂，都来自母亲。父亲代表人类生存的另一面，即思想的世界，人所创造的法律、秩序和纪律等事物的世界。父亲是教育孩子，向孩子指出通往世界之路的人。

父亲的原则是："我爱你，因为你符合我的要求，因为你履行你的职责，因为你同我相像。"

第二，母爱是恒定的包容和接纳，而父爱是威严的规约和规训。母爱对幼儿生命的包容肯定包括两个方面：一方面是关心幼儿并对其成长负有责任，以维护和发展弱小生命。另一方面则超出了维护生命的范围，那就是要使孩子热爱生活，要使他感到：活着是多么好！当一个小男孩或小女孩有多么好！母亲的作用是给予孩子一种生活上的安全感，而父亲的任务是指导孩子正视他将来会遇到的种种困难，提示他们人生道路上的规则，并且从孩提时代就开始培养和规训。父爱可以使孩子对自身的力量和能力产生越来越大的自信心，最后能使孩子成为自己的主人，从而能够脱离父亲的权威。

第三，母爱是消极的情感体验，父爱是积极的情感体验。无条件的母爱有其缺陷的一面，这种爱不仅不需要用努力去换取，而且也根本无法赢得。如果有母爱，就有祝福；没有母爱，生活就会变得空虚——而孩子却没有能力去唤起这种母爱，因此，母爱是消极的。有条件的父爱必须靠努力才能赢得，在辜负父亲期望的情况下，就会失去父爱。父爱的积极一面体现在，孩子可以通过自己的努力去赢得这种爱。与母爱不同，赢得父爱可以受孩子的控制和努力的支配。

第四，母爱的良知是付出和给予，父爱的良知是理智和判断。母亲的良知对他说："你的任何罪孽，任何罪恶都不会使你失去我的爱和我对你的生命、你的幸福的祝福。"父亲的良知却说："你做错了，你就不得不承担后果；最主要的是你必须改变自己，这样你才能得到我的爱。"

《爱的艺术》是一本薄薄的小书，心理学家弗洛姆放弃了作为学者最善于运用的术语和熟稔于心的大量资料素材，用最通俗浅近的语言将他对爱的理解传递到最大多数的人那里，希望更多的人因爱得到滋养。他像一位熟悉你的老友坐在你身边，倾囊相授地告诉你："爱不是一种只需投入身心就可获得的感情，如果不努力发展自己的全部人格并以此达到一种创造倾向性，那么每种爱的尝试都会失败；如果没有爱他人的能力，如果不能真正勇敢地、真诚地、有纪律地爱他人，那么人们在自己的爱情生活中也永远得不到满足。"一个成熟的人最终能达到他既是自己的母亲又是自己的父亲的高度，他发展了一个母爱的良知，又发展了一个父爱的良知。如果一个人只发展父爱的良知，那他会变得严厉和没有人性；如果他只有母爱的良知，那他就有失去自我判断力的危险，就会阻碍自己和他人的发展。天真的、孩童式的爱遵循下列原则："我爱，因为我被人爱。"成熟的爱的原则是："我被人爱，因为我爱人。"不成熟的、幼稚的爱是："我爱你，因为我需要你。"而成熟的爱是："我需要你，因为我爱你。"

在一本论述爱的艺术的专著里，开卷不久就从父爱和母爱入手，其间的深意正是在于，父爱和母爱所传递出来的特点和"良知"对于一个人健全爱的能力是多么重要。母爱，是人之初最早感知到的无条件的爱，感知到这份爱的人，在未来的人生岁月中，也就有了无条件地给予他人爱、包容和接纳的第一个能量池和加油站。

很多非常优秀的孩子，长大以后自私、冷漠，往往都是他们不曾体会过无条件的母爱。他们考了好的成绩，乐器演奏晋升到了更高位阶，各类竞赛拿到了令人艳羡的大奖，母亲会奖励他们，不吝赞美，而偶尔的失利，则得到母亲的冷眼，遭受家庭内的冷遇。长此以往，孩子会产生一种感受——"你爱我，是因为我优秀"，而"我不优秀了，你就不再爱我了"，所以，"你爱的根本不是我，而是我优秀的那部分。而我不优秀的那部分，是不配得到爱的"；他会觉得"我得到的爱，是用我优秀的那部分交换来的"，长大后，他们更多以可交换的价值属性、问题解决的工具属性与他人交往，表现出来的样貌就会很功利主义，"精致的利己主义"如果从早期的家庭环境溯源，常常可以找到症结的起始点。缺失了无条件的母爱这个能量池和加油站的补给，孩子会丧失绝大部分安全感，在成长的道路上逐渐紧绷起来，唯恐一个微小的闪失，就让自己不再优秀，变得不值得爱。试问，一个紧绷状态的信奉工具理性、利己主义和功利主义的人，怎么可能不计得失、不求回报地关心、理解、尊重他人，有力量也有艺术地建立起健康、成熟的爱？在弗洛姆看来，能够"给"是力量的最高表现，说明个体的能量有"富裕"，在"给"的过程中感到自己生机勃勃，比"得"带来更多愉悦，因此"给"不是牺牲，体现的是一个人的生命力。"给"的心理基础和意愿冲动，很大程度都来自从母爱那里习得的爱的能力。

但是，仅仅无条件地付出爱，也是不够的，无条件的母爱还应该向有条件的父爱学习，学习父爱积极、理性的那部分力量。以母爱为无可撼动的根基，与孩子的互动和共同成长中，增加父爱的元素——父爱需要**靠努力获得**，可以让孩子提升自我的能动性，调动起更加积极的状态去赢得肯定；有意识地培养孩子对家庭以外的规则、未来进入社会的秩序等**规约的认识**，一石一瓦地铺就打开家门通向世界的道路；鼓励尝试，肯定成功，也容许孩子犯错，并且**勇于承担后果**，在试错中改变自己，完善自己。

正是将父爱和母爱相互映照，才使两者的闪光点和价值更加凸显。尤其，在这本以发现母亲的力量为主题的书中，更清晰地认清母爱，向父爱学习，是母亲获得成长的思想源泉。这里借用弗洛姆界定的"母爱"和"父爱"，应被看成"付出""规约"等一系列由爱生发出来的行为特征，而非刻板地直接指向父亲或者母亲的爱的方式。这也是以弗洛姆的论述为重要思考基点的现实意义，否则，就很容易陷入对于父爱和母爱的本质主义窠臼之中，忽视二者在不同历史时期、不同文化背景，乃至不同个体身上显现出来的巨大差异。

比如，巴尔扎克笔下的高老头，在妻子去世后为了两个女儿什么都愿意付出，他只要听到别人夸赞女儿的好，就会高兴地合不拢嘴，并且心甘情愿地做她们"拉车的马""膝上的小狗"。他一门心思地想让她们过上锦衣玉食的生活，他的两个女儿心安理得地接受父亲给予的爱和金钱，但在他的价值被榨干后，反而遭到女儿们的嫌弃被驱赶出门。尽管如此，高老头对两个女儿也并没有丝毫的埋怨，他希望永远替两个女儿去承受所有的痛苦和不幸，并以此作为自己生存和生命价值的衡量标准。高老头简直就是错拿了母爱的"剧本"，父爱的有条件、对孩子的规约、督促孩子必须承担责任和义务，在他身上全都看不到。这是19世纪初期欧洲的父亲，给予女儿们的无条件且消极的母爱。在中国，公元200年左右的汉献帝时期，取材于庐江府小吏焦仲卿和妻子刘兰芝爱情故事的著名汉乐府长篇叙事诗《孔雀东南飞》中的焦母，则是毫无母爱，只有父爱式的管教、束缚，最终变得苛责、控制且没有人性。中国古代的"孝"文化赋予了家庭中母亲在子嗣面前拥有权威的合理性，因此，焦母成了父权、礼教的化身，加之她为人处世"捶床便大怒"的狠辣，最终铸就了亲生儿了夫妻二人的悲惨命运。焦母就是错拿了父爱"剧本"的母亲。无论是法国的高老头，还是中国的焦母，都凸显出父爱和母爱的历史、文化、个体差异。了解了"父爱"与"母爱"的闪光点和不足，能清晰准确地发现他们的"畸形之爱"的症结所在。

健全的母爱，是一种对自我、他人和世界的关怀

什么是健全的母爱？

保留母爱的优势，向父爱学习其积极的部分，同时，还需要自爱——母亲自己也应该成为爱的对象——对自己的生活、幸福、成长以及自由的肯定以爱的能力为基础，既要看母亲有没有能力关怀人、尊重人，有无责任心和是否了解人，又要看她是否可以用相同的方式关照自身。如果母亲有能力创造性地爱，那她必然也爱自己，如果她只爱别人，那她就是没有能力爱。

而自爱，是最容易被母亲忽视的，也是最难的。美国诗人艾德丽安·里奇（Adrienne Rich）[1]在她的著作《女人所生：作为体验与成规的母性》（*Of Woman Born: Motherhood as Experience and Institution*）中，曾一针见血地指出："制度化的母性要求女

性具有母亲的'本能'而不具有智慧，要求她们无私而不是自我实现，要求她们建立同她们的关系而不是创建自我。"母亲的困境中，固然有"制度化的母性"的要求，更有母亲源发于"不健全"的母爱的自愿选择——对家庭、孩子毫无保留地付出的同时，忽略了对自己的爱，也即自爱。

怎样自爱？并非永远把自己放在优先级，也不是放弃给予孩子"无条件"的爱，而是，对待自己，也**发挥出母爱的良知和父爱的良知，去发现自己、点燃自己并且成就自己。**

儿童文学作家杨红樱的《女生日记》《男生日记》，记述的分别是六年级的女生和男生的学习和生活，作品中的两位母亲形象让人眼前一亮。女生的妈妈是电台女主播，男生的妈妈是美术编辑，都做着自己喜欢、能发挥自己特长且小有成就的工作。在教育孩子方面，女生的妈妈不放任自流也不过分要求，而是更关注孩子的成长过程，注重孩子的内心和与他人交往的模式。男生的妈妈是一个单身母亲，她会大方地向儿子介绍自己的交往对象，认真征询儿子的意见，不会因为外界的一切影响到自己追求幸福。这两位母亲的主体性，让她们不再受限于家庭，而是在更广阔的空间中发展，她们经济独立、精神独立，在孩子眼中，母亲是爱与美的化身，是自己坚强的后盾，让孩子相信世界是充满了爱和温柔的，也因此对待周围的人能时刻怀抱着善意。

　　文学作品中的母亲，散发着母爱和自爱的光辉，然而，回到现实，反观自身，身为母亲的女性难免生出疑问：她们怎么那么强啊？是如何做到的？为什么偏偏就只有我做不到？

　　现实中的母亲，妥善处理好社会角色与不断输出高质量母爱，二者之中，哪怕能有一个维度做到让自己满意都太难了。

　　一位女性，在从女孩成长到母亲的道路上，除了现实生活中的近距离观察学习之外，可供学习母爱的资源少得可怜。有研究者统计了中国目前正在使用的人教版初中语文教材中的女性角色出现频率，从7年级上册到9年级下册，女性角色共66人，占总体人物角色的36%。其中，女性角色是作品主角的共26人，占主角总数的24.6%[2]。女性角色主要以母亲、妻子、女儿等家庭角色为主，偶尔出现作家、科学家、舞蹈家、教师这类社会型角色。而女性形象大多以"悲苦"的样貌出现，比如杜甫《石壕吏》中的老妇人，鲁迅《阿长与山海经》中的老保姆长妈妈。教材中母亲形象展现出来的母爱，也以"贤妻良母"、无私地奉献出自己的全部为主要的母爱表达方式。比如胡适《我的母亲》中，母亲在丈夫早早离世后，能把大家庭打理得井井有条，教育子女方面既是慈母又是严父，对胡适的早年教育倾注了全部心力；《春酒》中的母亲勤劳俭朴、善良大度，爱孩子，教育孩子"鞋差分，衣差寸，分分寸寸要留神"；《蒲柳人家》中，何满子读书前在爷爷奶奶家长大，奶奶"一丈青大娘"，侠肝义胆乐于助人，把孙子何满子当成"心尖子，肺叶子，眼珠子，命根子"，对他百依百顺呵护有加。让小孙子虽然不在母亲身边，也感受到无微不至的"母爱"。教材中的母爱大多是默默奉献甚至牺牲自我的，几乎看不到在给予母爱的同时，还能关注到自身的个人追求和个人成就的自爱。

将目光从教材向外拓展，成长过程中接触到的儿童文学作品中的情况也不尽如人意。对新时期以来儿童文学中的母亲形象进行梳理[3]，研究者发现，母亲形象也是更多地局限在"控制型"母亲、"缺席型"母亲，为了弥补儿童成长过程中母爱的缺失，还出现了功能型的"精神母亲"的形象。而在无私地爱孩子的同时，还有自己的生活寄托，有自己世界的母爱非常稀缺，前文提到的《男生日记》《女生日记》中的母亲所展示出来的母爱，作为游走在传统和创新之间的"理想型"母爱，实在闪亮得耀眼。究其原因，有学者指出："西方儿童文学内在的驱动力是来自一种母爱般的力量，而中国儿童文学的内在驱动力则是来自一种父爱般的责任感，十分注重社会教化功能，作品的主题往往更偏重于教会孩子直面人生的困难以及如何去解决。"[4]但是，仅有父爱的驱动力，忽视健全的母爱对于人格塑造的力量，无助于培育具有创造性和健全人格的后代。

现实生活中，母亲对母爱的习得和提升，同样受困。一方面，由于时代发展太过迅速，上一代的经验和爱的方式，他们遭遇的难题和困境与下一代完全不同，下一代很难借鉴。比如在王朔自称"掏心扒肝"地"坦白"的《致女儿书》里，他所描述的他与上一代的关系和相处模式，就很中国化，也很有代表性：

> 我不记得爱过自己的父母。小时候是怕他们，大一点开始烦他们，再后来是针尖对麦芒，见面就吵；再后来是瞧不上他们，躲着他们，一方面觉得对他们有责任应该对他们好一点但就是做不出来装都装不出来；再后来，一想起他们就心里难过。

童年时代的王朔，1岁半就被送到保育院，两个星期甚至四个星期回家一次，父母忙于工作，与孩子亲密接触的时间少之又少。10岁他出了保育院回到家里，也是经常看不见父母，见到了，父母也是以管教和约束为主，正值少年的叛逆期，很难不"针尖对麦芒"。

现实中母爱习得资源的匮乏另一方面原因是，中国家庭中，如鲁迅所说的是重"恩"，不重"爱"，只需"父兮生我"这一件事，幼者的全部，便应为长者所有。用"孝""烈"的道德"一味收拾幼者弱者"。重"恩"不重"爱"的结果就是：

> 蔑视了真的人情，并无良效，无非使坏人增长些惜微，
> 好人无端的多受些人我都无利益的苦痛罢了。
>
> ——鲁迅《我们现在怎样做父亲》

但，即便可供学习母爱的资源极度匮乏，人类社会发展到今天，母爱一直绵绵不绝地滋养着后代，靠的是人类爱己及他的本能；靠的是即便没有人教导，也如同行走在黑暗的山路上独自点起一盏灯，慢慢摸索，惠及自己也照亮后代的人生路；更重要的是，人类向善的人本主义光辉、人与人之间的大爱，超越性别、超越血缘，这样的爱可以不从自己的亲生母亲身上展现，而甚至可以从男性身上绽放出来——真正健全的母爱，是对自我、对他人以及对世界的关怀。这既是母爱的升华，更是习得母爱的不竭之泉。

法国作家勒克莱齐奥（Le Clézio）[5]很多关于母亲和母爱的书写，体现出宏大、广博的母爱，它越过了时空、文化、民族的界限，不仅消解了母性的生理本质主义，拓展了母性的内涵与范围，而且将普通的、有限的母爱上升到一种独特的、无限的博爱，即人道主义之爱。他的作品《藏在心里的爱》中的女主人公高安德蕾娅和监狱里的失足女孩们本毫无关系，但她将这些女孩

视作自己的孩子，给她们上阅读课，为她们写故事、讲故事，以此教化她们，唤起她们善良的本性。另一部作品《三个冒险家》中的女主人公将自己的一生都奉献给了墨西哥城的孤儿，教他们学手艺、学知识，教他们承担责任。这两位女主人公虽然不具有母亲身份，但是具有强烈的母性与母爱。在他的笔下，母爱成为日常生活中的英雄主义，或者说是人道主义的博爱，即对他人，尤其是弱者无条件的爱。

王朔写给女儿的话也同样令人动容，他"发现对你有说不完的话，很多心思对你才说得清，比自言自语更流畅，几次停下来想把这本书变成给你的长信。坦白也要有个对象，只有你可以使我掏心扒肝，如果我还希望一个读者读到我的心声，那也只是你"。正如他自己坦陈的"我们那一代人吧，亲情是被严重扭曲了的，甚至是空白的。所以，我倒认为这本书引起的共鸣可能会超过我原来所有的小说"。的确，这份共鸣，就是超越了性别、超越了时代，最动人、最广博，只有"给"、无关乎"得"的爱与关怀。

勇敢地付出，像从未受过伤一样

在无条件地"给予"的那一刹那，母爱就发生了。每一位母亲，也并非为母则刚，而是在爱自己、爱孩子、爱世界的过程中，就已然调动起本能的母爱和内心最广阔的爱。

儿童和母亲，通常可以是最勇敢的。儿童面对这个世界、母亲面对自己的孩子，付出的时候无惧伤害，没有成人世界里利害得失的考量，不害怕付出之后没有得到对等的回报，也不害怕付出之后所托非人，因为付出本身就是意义。

母爱能让孩子在生命的最初阶段了解"我值得爱，因为我有能力爱人"，并且发展这样勇敢的爱，**勇敢地付出，像从未受过伤一样**。爱家人、爱朋友、爱这个世界。因为，如果一个人只爱他的对象，而对其他的人无动于衷，他的爱就不是爱，而是一种共生有机体的联系或者是一种更高级意义上的自私。如果他能对一个人说"我爱你"，他也应该可以说："我在你身上爱所有的人，爱世界，也爱我自己。"

母爱的能力还体现在，**坦荡地承担，像从没有失败过一样**。鼓励孩子勇敢地尝试，从试错，到少错，再到不再犯错。既让孩子了解这个世界的规则，又能敢于突破那些永远正确的事，体悟到所谓的"正确"，很多的约定俗成，是由害怕的人创造出来的安全的"盒子"，被困在里面，犹如自己给自己套上一个枷锁。现代社会生活中，有两种悄然统治着人们的力量：社会成俗和自我设限。而母爱，能够激励孩子从本心出发，审视一切成俗，并且有勇气突破自我设限,打碎"盒子",做自己。

无畏地独立,像整个世界都在为你鼓掌一样。母爱能够支撑起孩子独立的信心,物质和精神上,不仰仗他人,以独立的思想和人格成就完整的人生。居里夫人的两个女儿,虽然父亲早逝,可是她们接收到的母爱,有着父爱的良知和母爱的无私给予,更为关键的是母亲在一切困难面前体现出来的自爱和独立的品格,滋养了两个女儿的一生。二女儿在为母亲作传时,尤其提到了这一点:

> 有几件事永远印在我们的心上了:对于工作的爱好,不热衷于钱财,以及喜欢独立的本能。这种本能使我们两个都相信,我们在任何环境之下,都应该知道如何处理一切,不须倚仗别人帮助。
>
> ——《居里夫人传》

打破所有因袭的重负,为孩子肩住黑暗的闸门,像每一位伟大的父亲那样。1919年,鲁迅先生对于怎样做父亲,呼唤父母觉醒的殷殷企盼,时至今日虽然已过百余年,仍然有现实意义——"孩子脱胎于母体,父母对于子女,应该健全的产生,尽力的教育,完全的解放。觉醒的父母,完全应该是义务的,利他的,牺牲的，很不易做；而在中国尤不易做。中国觉醒的人，为想随顺长者解放幼者，便须一面清结旧账，一面开辟新路。""恩"是道德的约束，可以要求自己，不能强迫他人。没有选择的道德是不道德的，强加的道德最不道德。爱大于恩，是对抗一切苦和难、对抗一切迷茫和恐惧的不二法门。

前文提到阿德勒，之所以用了很长的篇幅介绍他的成长和学术经历，是因为阿德勒家庭中的父爱的鼓励，让他从差生变成优等生。而在他的理论研究到达一定的瓶颈，尤其是发现自己的研究必须冲破现有边界，才能继续向纵深发展的时候，他勇敢走了一条少有人走的路，创建自己的学术流派。这是父亲的激励，值得母亲学习。

成为母亲，是一个走夜路独自歌唱的旅程，手里点着自明灯，这灯是由心力点燃，这份心力，源于自我的渴望，源于对孩子最真挚的爱。渴望多强烈，灯就有多明亮，爱有多蓬勃，灯就有多绵长。成为一个自爱的人，然后成为一个传递健全母爱的母亲——勇敢地去爱，像从未受过伤一样；坦荡地承担，像从没有失败过一样；无畏地独立，像整个世界都在为你鼓掌一样；为孩子"肩住黑暗的闸门"，像每一位伟大的父亲那样。唯其如此，无论是孩子，还是母亲，终将可以完成好人生的爱、工作、交友的课题,"幸福的度日,合理的做人"。而这,正是母爱的能力。

注释：

1 艾德丽安·里奇（Adrienne Rich），美国作家、诗人，被誉为"20世纪下半叶阅读最广泛、影响力最大的诗人之一"。

2 文中相关数据参考王雅琼《初中语文教材中的女性角色研究——以人教版初中语文教材为例》（2016年）。

3 相关研究见十刘静《新时期依赖儿童小说中的母亲形象研究》（2022年）。

4 参见汤锐的著作《比较儿童文学初探》（2009年）。

5 勒克莱齐奥（Le Clézio），法国作家。2008年诺贝尔文学奖得主。

Chapter 7

阿喀琉斯之踵——母亲的自我修复能力

在我年纪还轻、阅历不深的时候，

我父亲教导我的一句话，让我至今难忘。

他说，

每当你想要对别人品头论足的时候，

一定要记住，

并非这个世界上所有的人，

都拥有你那样的优越条件。

——菲茨杰拉德《了不起的盖茨比》

在古希腊的《荷马史诗》中，有一位英雄，被后人视作人类自我认识的漫长里程上光辉的路标。黑格尔曾经这样称赞他："这是一个人！高贵的人格的多方面性，在这个人身上显出了它的全部丰富性。"这位英雄，就是阿喀琉斯。传说，阿喀琉斯是海洋女神忒提斯和凡人英雄珀琉斯之子。他出生后，母亲忒提斯从命运女神处得知他将会战死，于是，她白天用天火烧去儿子躯体上的凡人部分，夜晚用神膏涂抹在他身上，令烧伤处愈合。在大功即将告成之际，因被父亲珀琉斯发现而中断。而此时，还差一处没有烧完，那就是他的后脚跟，也就是阿喀琉斯之踵。也有传说，母亲提着阿喀琉斯的脚踵，将他浸入冥河，用冥河的水铸就阿喀琉斯刀枪不入的躯体，而唯独她提着的后脚跟没能浸到水中，就留下了英雄的致命死穴。在《荷马史诗》的《伊利亚特》里，阿喀琉斯参加了特洛伊战争，战场上他骁勇无比，且有金刚不坏之身，很快带领希腊大军赢得了最初的胜利，却被特洛伊王子用毒箭射中脚踵而丧命。"阿喀琉斯之踵"后来成了一个著名的谚语，说的是，即使是再强大的英雄，都有致命的死穴或软肋，没有不死的战神。

这个神话人物的命运和因他产生的经典譬喻让人唏嘘，也让每一个紧绷的人都能松一口气——再强大完美的英雄也总有弱点，那么，平凡的人们、平凡的母亲们，也完全可以坦然直视并且接受自己身上的弱点。

弱点的存在本身不是问题，而忽略或者无视，才是问题。生命中，有失误甚至错误并不可怕，永远不要低估人类自身具有的躯体和心灵的自我修复能力。自我修复，是从内衍生出来的纠错和复原的力量，目标是推动生命个体的可持续发展。

平行人生不是现实人生，榜样是力量还是剥削和压榨
——成为"广告招贴画"上的母亲

进入21世纪20年代，什么样的母亲是优秀的母亲？

那些优秀的母亲，生活在广告招贴画里。她们事业有成，在

职场中是精英；同时，她们是育儿高手，用最先进的身体成长、心理发展、教育理论武装起完善的知识储备；同时，她们是平衡大师和时间管理大师，可以自我发展、家庭、育儿平衡兼顾，不会顾此失彼；同时，她们爱情美满；同时，她们亮丽时尚；同时，她们治家有方，营造代际间和睦的氛围；同时，她们是社交达人，构建家庭和孩子发展的完美人际网络……

撕下这些广告招贴画，是斑驳的墙面，墙上隐约可见真实世界里，母亲一张张焦虑的脸。焦虑，是个体不能达到目标且考虑到因目标无法达成而不得不面对的后果时，所形成的紧张不安的情绪状态。那么，是否问过自己，这些目标从何而来？

1898年英国《每日邮报》创刊语坦率地告诉大众，这份报纸的理想读者就是那些虽然现在"年收入只有100英镑"，心里却梦想着"来年能有1 000英镑进账的人"。大众传媒的无孔不入的触达，使得人们对自身的期望变得更高了，不仅有物质的欲望，也有对人内在品格的期许。1885年创刊的 *Lady Magazine* 创造出一种"温柔母亲"的形象，她们具有同情心，随时准备给孩子支持和慰藉。"温柔母亲"，支持并且合法化了资本主义在发展过程中，所需要的家庭内外领域的劳动和性别分工。在社会文化层面，塑造并且固化了人们的意识——父亲是理想工作者，母亲则是理想照料者。而随着资本主义更加迅猛的发展，需要更多女性也充实到劳动力市场，广告招贴画中，开始更频繁地出现参与到社会生活的母亲，但同时，其"理想照料者"的形象，依然被不断强化。

20世纪80年代的美国，一手拎公文包一手抱娃，神采奕奕，"自信、自主而自由"，成了时尚杂志里标准的职业女性形象。近些年，在中国"辣妈"又成为母亲的一个崭新标签，她们外表美丽、性感火辣，又是全能育儿高手。2013年中国电视剧《辣妈正传》热播，其核心推介词涵盖"都市丽人""时尚火辣""应对育儿烦恼""事业爱情双丰收"，在大众文化层面，更具传播度和辐射面地树立了"崭新亮眼"的母亲形象。值得一提的是，日本后来也购买了这部剧的版权，2021年同名翻拍剧在日本上映，同样收获良好收视率。从文化批判的角度看，这无疑是消费主义盛行的时代打造出的母亲范本，这个范本营造出"只要你努力，总可以无限接近"的幻象，制造"人家妈妈可以，我却无法企及"的焦虑。

"广告招贴画"，具象上是指用于广告宣传的图画，广义上是"能指"和"所指"结合的"话语系统"。图画和话语系统，为母亲树立了平行世界里的榜样。但是，那些全能榜样只是平行世界里的梦幻泡影，需要清醒地认识到——

首先，平行世界里的人生，无法等同于现实世界里的人生。

令人悲哀的是，她们却可以非常广泛地流行并且润物无声地深入人心，究其根本，这套话语体系精准撩动了人性的弱点——慕强，令人欲罢不能。

其次，从社会认知视角对这套话语系统进行分析，也可以觉察其中的不平等和不公正。范戴克（van Dijk）[1]将话语系统放置于语境，也即社会文化场域之中，对研究权力、偏见等问题提供了有力的支持，揭示了话语背后隐藏的深层含义。广告招贴画的流变，构建起一整套的话语系统，也在这个意义上，广告招贴画可以视作已有社会权力结构在不同的历史时期对于母亲的期许和重压。

相应地，对于父亲的形象塑造，"成功"的标准则简单很多——只要专心搞事业，承担起"理想工作者"的职责，"育儿""平衡""形象管理"等与母亲形象紧密相连的维度，往往不需要与"父亲"同时提及。新近的"奶爸"形象，之所以回归家庭做起"全职煮夫"，也是夫妻在核算考量谁工作更能带来经济收益之后的权宜之计，如果夫妻二人拥有相同的职位、相同的收入，在某个阶段必须有人牺牲事业回归家庭的话，"理想照料者"通常还是母亲。

重压之下，必有反弹。与广告招贴画同时存在的，还有大众文化作品中不堪重负的母亲的大声呼喊。2016年上映的美国电影《坏妈妈》里外表光鲜、内心崩溃的母亲，就大声喊出：今天，做一个合格的妈妈，是不可能的！ 2004至2011年推出的一共8季的《绝望的主妇》，也刻画了兼顾事业、育儿的母亲们深深的绝望。2022年，根据同名畅销小说[2]改编的电视剧《弗莱斯曼有麻烦了》引发了广泛关注，女主角正是前文描绘的"广告招贴画"里兼顾无数个"同时"的优秀母亲。但，在丈夫眼中，妻子不必奢求更大的房子、更高的薪水，更无须趋炎附势地跻身上流社交圈，因此两人分歧日渐严重。丈夫提出离婚，她第一反应不是伤心，而是焦虑——我太忙了，连跟你离婚的时间都没有。迅速切割、二人分道扬镳之后，一件小事的触发，女主的世界里"时空停滞"，她的精神开始发生错乱。待她清醒过来，已是数周以后。山中方一日，世上已千年。几周的时间里，她所有引以为傲的东西都烟消云散。她失神地坐在纽约的一角，正好朋友路过，把她带回家。故事到这里，也还没有跳出以往作品中对于母亲困境的常规描述。真正深刻又现实的是，朋友把她的现状告诉了她前夫，期望他能在关键时刻给予帮助，前夫很平静地说："我们已经离婚了。这和我有什么关系？这是她自己的选择。"

渴望他者共情？做梦！曾经许诺相伴终生的最爱，也做不到共情。前夫的视角，也是所有他者的视角——人有选择的自由，母亲选择了这样的生活目标，就要承受抵达这些目标过程中的苦和累。为什么不在所有目标中排出优先级，为什么不能有所放弃？不但无法获得共情，而且更不会再往深一层次去思考，个体在结构化的背景里生存，每个选择是真正发自自我，还是被结构规约、进而内化成"自主选择"。

是啊，为什么没有优先级呢？为什么不能放弃能力不及的目标呢？很多母亲也许都没有再往前思考一步。

重压之下，有人呐喊，有人自嘲。

最近，在中国的社交媒体上，出现了一个高频词汇"中年老母"，标志属性可以这样总结："对象是孩子，经济实力是穷，性格是丧，体重是胖，专业是带娃，兴趣是睡，智商是傻，长相是矬。"这种戏谑类似于年轻职场人面对高负荷的竞争所摆出的"躺平"姿态——卷不过，我可以躺，成不了全能优秀母亲，就跟自己和解，做个中年老母也无妨。

也许，不必撕碎那些广告招贴画，就挂在那里，留一份"虽不能至，心向往之"。只需要认清，画上那些母亲的每一个角度的面相背后，隐藏着怎样的来自外部的建构，和已然内化成自身欲望的陷阱。

呐喊，抑或自嘲，都是一种自我修复。而自我修复，从认清"广告招贴画"，开启了可能。

无法接受自己的不完美，何尝不是深度自恋

——可以原谅别人，无法原谅自己

在美国宾州东部有个小镇，镇上住着一位母亲，她几乎全方位对标并且注解了中国母亲自嘲的"中年老母"。她的名字叫梅尔，是2021年横扫美国各类重大电视剧奖项的《东城梦魇》（*Mare of Easttown*）[3]的主人公，一个不完美的母亲。

"中年老母"长相是矬、体重是胖——梅尔是镇上的警察，体态臃肿，头发干枯，目光倦怠，穿着过时；"中年老母"经济实力是穷，性格是丧——梅尔吃速食的垃圾食品饱腹，到店里买海龟缸，店长兴致勃勃地给她推荐高档的尖端产品，她只买了打折的基本款；她很少露出笑容，感情方面，前夫订婚开始了新生活；工作方面，她鲜有成就感，凌晨被电话吵醒，是镇上的老太太向她报案有人在对面偷窥她孙女洗澡——按常理，报案应该是打给警署，但是镇上的老年人只认她、依赖她，她终日被类似的琐事缠身，而同时，镇上积压多年的少女失踪案还没侦破；"中年老母"对象是孩子，专业是带娃——她不但有自己的孩子需要操心，还要照料4岁的孙子。

大众文化作品中，太需要多一些这样的母亲形象了。梅尔

的扮演者凯特·温斯莱特夺得艾美奖最佳女演员桂冠时发表的获奖感言中，特地感谢了编剧——创造了一个并非完美无缺的中年母亲形象。比起那些走路生风、所向披靡、性感艳丽，又任劳任怨、吃苦耐劳的母亲形象，梅尔身上的不完美，更能映照并且关切到在困境中努力向前的大多数母亲，给她们力量和启迪。

每一个中年老母，都曾经拥有璀璨、一切尽是可能的青春。25年前，梅尔关键时刻的一记投篮让镇上的篮球队获得了州级比赛的冠军，25年后，带领球队夺冠的梅尔的照片被印在小镇报纸头版，纪念着小镇的荣耀，也是梅尔本人空前绝后的高光时刻。是的，空前且绝后，从夺冠起，她的光芒一丝一丝地黯淡下去，成为灰暗疲倦、毫无生机的中年母亲。事业、家庭、生活的诸多不如意，已经让人压抑，她还有着多年无法疗愈的创伤——儿子在阁楼自杀身亡。梅尔一直没有弄清楚儿子为什么自杀，是因为遗传疾病的困扰，还是由此而产生的情绪障碍？或者是因为情绪障碍开始吸毒，又无法戒除毒瘾的绝望？而无从知晓个中缘由本身，也是一个无法解开的心结，时刻提醒着她身为母亲的失败。儿子自杀的阁楼成了一个禁地，不允许任何人进入，她自己更是不敢进去面对。

她携带着不断发炎、化脓的创口，学习如何在经历创伤之后继续生活。当痛失爱妻的独居鳏夫向她倾诉，寻求安慰；时间长了，会好受些吗？她抚慰他，也抚慰自己——时间长了，你就会接受那些难以接受的事了，你会发现，还要把食物放到储藏柜里，及时交电费，照常换床单，总之，你会找到方法继续活下去。

但是，创口依然在，每一天她都还是咬着牙忍痛前行。她无法原谅自己。片子的最后，梅尔侦破了案件，小镇上每个人的生活都暂时复位，看着耐心地给孙子贴创可贴的母亲，她问："为什么小时候你从来不给我贴？骂我为什么不自己贴。"母亲很动容，想起自己的丈夫在梅尔13岁时因为不堪遗传疾病的困扰自杀，她告诉女儿："那时候，我很气，气的是你爸爸不是我本来想嫁的人，我也气自己没能治愈他，我就常常拿你撒气。"梅尔说："我原谅你，妈妈。"母亲一字一句地说："我很久以前就原谅自己了。我也希望你这样，希望你原谅自己，那不是你的错。"

原谅别人容易，原谅自己太难。许多人可以做到设身处地、换位思考，以他人的情境和际遇去理解别人，找到其间的因果关系，接受和体谅他人的失误和失败。但把理解和体谅的客体替换成"自己"，却做不到。从心理学上分析，这某种程度上，也是一种过度的自恋。美国心理分析学会在1968年将"自恋"定义为："一种心理的兴趣和心流集中在自身的注意力。"每个人本质上都是自恋的。自恋是一种对自我价值感的关注。适度的自恋是对自我的肯定，也是健康的。但是，认为自己一直可以、一切都好，或者无法接受偶尔的不好——认为自己的行为永远不会损伤已有的价值感，或者无法接受自己所做的事情可能损伤自我价值感——都是过度的自恋。

剧集的导演阐述这部片子，是通过一位不完美的中年母亲的故事，让那些经历痛苦的人试着从创伤中走出来，让生活继续。儿子自杀，对经此人生劫难的母亲来说，是无以复加的失败，是母亲的至暗时刻。

每个人都是在他人的故事里看自己的人生，于绝望、虚妄之中找寻希望。如此抽丝剥茧地看梅尔的弱点、失败和她顽强的自我修复，其意义也正在于此吧。

放过自己，接纳自己的不完美，才有可能让一丝微光凿开黑暗——剧集终了，梅尔找出梯子，一步一步，爬上儿子的阁楼。剧终。她进去了吗？不知道。也已经不再重要。

令人窒息的控制："我对你那么好"和"我都是为你好"
——活出自我的边界

如果让孩子从日常生活中选出妈妈说的最有压迫感的话有哪

些，"我对你那么好"和"我都是为你好"，一定会位列排行榜的前几名。

2021年，中国的一家电视台播出了一档儿童成长观察类综艺《不要小看我》[4]，一位28岁的母亲隔着屏幕传递出的压迫感，引起了广泛的讨论。这位妈妈坦言自己是"完美主义者"，女儿小桃当天的作业必须100%完成。在节目里，她讲述了一段陪孩子做作业的经历："有一次，小桃有一个作业要背，那时候，已经耗到晚上12点了。我是一个强迫症患者，逼她一遍遍地背，她就是背不下来。没办法，我就抽自己，她又说错，我就给自己扇一巴掌，然后小桃的表情，就变得特别地惊恐。"不单小桃惊恐，看到母亲平静地讲述这一幕，谁能不惊恐？

类似的情况，不仅发生在孩子童年，有时甚至发生在孩子成年以后。中国有一位知名男演员，年近40岁，没有结婚。其实，他非常渴望婚姻，但他说没有人愿意嫁给他，因为他的母亲把他照顾得无微不至，甚至干预他的每一段感情。比如，母亲每天早晨4点起来给儿子熬梨汁，一坚持就是十年；无论儿子去哪里拍戏，母亲总会带着电磁炉跟着，别的演员跟剧组吃饭，他必须吃母亲亲手做的饭；她监控儿子的每一篇微博，还会大段抄写在本子上，儿子不发微博，她就会催促。为了让儿子营养均衡，母亲在北京异常寒冷的冬天，仍然坚持出门，只为买一把鸡毛菜。

吃饭时，儿子没有吃鸡毛菜，母亲看着心里难受："你看看妈妈，选鸡毛菜手都裂口了。"儿子立马放下筷子，什么也吃不下了。后来他说："那鸡毛菜我哪舍得吃。"儿子无声的反抗，让母亲很不理解——"我把自己都给了你，你怎么能不听我的?"小桃的妈妈也很困惑，我是帮助她完成作业，为什么她那么惊恐。

美国心理学家苏珊·福沃德（Susan Forward）[5]，深度剖析了大量来自家庭与职场的案例，写作了《情感勒索》一书。她将情感勒索定义为利用恐惧感、罪恶感和责任感控制他人的行为。发出情感勒索的人，可能是伴侣、父母、朋友、同事……那些彼此最关心、血缘最近、交往最频繁的人，他们与被勒索的对象相互了解、知根知底，有时可能并非有意，却杀伤力极大，他们也许只是在以自己的方式"为你好"，或者传递出"你要是在乎我，你就得顺着我"的信息，却会让被勒索的人过得压抑、窒息，严重的甚至让人生不如死。在这种扭曲的关系中，没有人是赢家。

抽自己耳光督促孩子做作业的母亲，事无巨细地照料自己年近40岁的儿子生活起居的母亲，一定无法接受自己的行为已经一定程度上产生了"情感勒索"，但客观上，她们的行为让孩子产生的恐惧感和罪恶感，已经对孩子造成极大压迫，并且开始反噬——母亲也受到了情感伤害，两代人共同陷入两败俱伤的境地。

　　产生情感勒索的原因，究其根本，是对自我和他者的"边界"认知不清。鲁迅先生说："子女是即我非我的人，但既已分立，也便是人类中的人。因为即我，所以更应该尽教育的义务，教给他们自立的能力；因为非我，所以也应同时解放，全部为他们自己所有，成一个独立的人。"孩子从母体孕育而出，分离成为两个独立的个体，精神上也应该是各自独立的。任何以"我为你好"的名义发出的期待和指令，都是将两者的边界模糊，认为孩子的事也是母亲的事，或者说是在代替孩子做判断和决定，这无助于孩子"成人"。唯有母亲和孩子都能建立起属于自己的"边界"，才可能摆脱互相伤害的互动。苏珊·福沃德也建议身处情感控制中的人："每个人的内心世界都有其特定的秩序，建立心理边界并不是自私，而是让你的事情归你、我的事情归我。"

　　划定边界，需要不断学习。日常生活中，面对别人对自己孩子的赞美，很多母亲常常越界去代替孩子谦虚——"啊，你家孩子越来越漂亮了，待人接物也那么得体。"母亲会当着孩子的面自谦："哪里哪里，太瘦了，一看就不健康……在外面还行，在家里好吃懒做。"在场的孩子一定非常尴尬。殊不知，"称赞"归孩子，不归母亲，母亲和孩子并不是一个整体，如果要谦虚，也是孩子自己去谦虚。母亲把孩子当成自己的一部分，去应对别人的赞美，就模糊了边界，让孩子不适。小到日常互动，大到重大决策——就业、婚恋，最重要的就是"你的事情归你，你的人生你做主"，建议可以提，决策应交由行为主体。对母亲，对孩子，都是如此。划定边界，更不能以养育之恩为砝码，强行要求孩子听话、顺从。孩子的成长，是一个逐渐从由父母庇佑的世界中走出来的过程。孩子可以感念养育之恩，但父母不能用"恩"去捆绑孩子。给孩子松绑，也是给自己松绑；为自己划界，孩子的世界才能真正建立。

一代人和一代人就是那么一种前仆后继关系……孩子给你带来多大的快乐，早就抵消、早就超过了你喂她养她付出的那点奶钱，这快乐不是你能拿钱买的。我觉得中国人的家庭关系不太正常，孩子承担这么多的义务，父母拼命来要求孩子，说什么赢在起跑线上，我特别讨厌这种说法，把孩子训练成一个赚钱机器，这就叫成功，表面是为孩子好，其实是想自己将来有个靠山，无情剥夺孩子童年的快乐。这是一种颠倒，颠倒的人性，这不是爱孩子，所以就会出现那样奇怪的逻辑，就是我为你好我可以打你，我爱你我打你……不带这么聊天的。

——王朔《致女儿书》

"未成人"的母亲
——物质和精神的独立是一生的修炼

如果说强势地控制孩子的母亲是将孩子纳入并且覆盖到自己的生活边界内，那么"未成人"的母亲则是反过来，渴望将自己的生活边界融入孩子那里，表现出来的样态常常是母亲更像"孩子"，想要从孩子那里得到无条件的爱，而孩子更像"母亲"，给予"未成人"的母亲以物质上和精神上的生存和温饱。"未成人"的母亲，虽然生理年龄已成年，但是心理年龄停滞在未成年的某一刻，没能继续向前，也没能形成自己独立的人格，她们以自我为中心，缺乏规则意识，总是用极端方法来使他人甚至周围环境屈服或退让，以达到自己的目的。她们在身体上、精神上依附于他者，很多时候，这个依附的对象就是自己的孩子。

影片《送我上青云》[6]中，就有这样一位母亲，梁美枝。她19岁就进入工厂做了车间女工，因为相貌出众，被当时的厂长看中，两个月后就一跃成为厂长夫人，迅速生下女儿成为全职家庭主妇。她的心智仿佛永久地停留在19岁，不再成长，物质和精神上都放弃了独立，依附于丈夫。但随着岁月的推移，丈夫事业一路攀升，搭上了女儿的同学。这时，她开始依附于自强、独立的女儿。她开着粉色的小汽车，令人瞩目的是打了三针的嘟嘟唇、靓丽的美甲、时髦的卷发，一开口就是找女儿要抱抱，言语行为之间表露出浓烈的"少女心"。丈夫离家，她也决定离家出走，又没有一个人远行的勇气，就"跟屁虫"一样地跟着女儿，女儿去出差采访，她就如影随形。她累了就向女儿撒娇，把头枕在女儿肩上，而女儿也就只能扛起母亲的依附，拖着罹患绝症的病体，努力工作换取手术费，苦和难只字不提，就像一位隐忍负重的母亲。

在英国作家德博拉·利维（Deborah Levy）[7]的长篇小说《热牛奶》中，母亲露丝依附于女儿的行为更加惊悚。独居的她病了，是一种非常奇怪的瘫痪，将她困在了轮椅里。拥有人类学硕士学位的女儿不得不中断博士学业，来到西班牙南部的海边照料母亲。母亲须臾不能离开女儿，一个生活中的典型细节，就可以看出她对女儿全方位的依附，那就是喝水上的挑剔——纯净水、气泡水、煮开的水、煮开后凉了的水、煮开后凉一半的水……没有一种水能让母亲满意。母亲的腿疾像一张无形的网，将女儿困在了当下的生活中。但同时，女儿也发现了很多母亲的怪异举动：声称自己的腿毫无知觉的母亲竟能察觉到苍蝇落在了腿上，轻巧地用手上的报纸将它拍掉；母亲还偷偷独自步行去超市购买发卡。是的！母亲的腿没有病，她对前夫的背叛无法释怀，在前夫娶了年轻的妻子、生下了第二个女儿之后，母亲开始给自己"制造"病症，目的就是为了能让女儿回到自己身边，给予她身体上和精神上的照料。

在这两部作品中，有一个惊人相似的细节，女儿都从来不叫"妈妈"，而是直呼其名——"梁美枝"和"露丝"。也许是因为，她们从来都不是一位母亲，而是由女儿照顾的任性的"女儿"。

再亲密的人，也是另外一个人，是与自己一样重要、一样独立的人。用自己的生活半径完全覆盖住孩子，或者把自己的全部都挤进孩子的生活半径之中，都是忽略了人生最为重要的修炼，那就是成为一个独立个体所必需的，在物质和精神上的独立。遭遇困境，亲情可以暂时性地成为人生的"拐杖"，但绝不是长久之计，总有一天必须放手。

电影中，得知女儿罹患癌症，母亲瞬间"长大了"，成为照料女儿的母亲。小说里，母亲为了继续把女儿"捆绑"在自己身边，提出截肢，要知道那是一条没有任何疾病的腿！被压迫到窒息的女儿把母亲的轮椅推到高速公路上——请你自己选择吧，是死去，还是自己站起来躲开死亡。最终，母亲终于有勇气直面自己的心结、自己的人生，放手让女儿回归属于女儿自己的生活，继续完成未完成的学业。

扔掉"拐杖"，"未成人"的母亲才有站立起来的可能。

看到这样的结局，着实令人欣慰，也难免无奈嗟叹——现实
人生，比艺术作品更为复杂、幽暗、模糊不清，也往往很难出现
艺术作品中命运般的抉择时刻，但对生命的蚕食如同蛀牙一般，
时而微微酸胀，常常痛不欲生。

但是，艺术作品提供了一种想象性解决方案，更重要的是，
其引发的人类情感层面的共振和共鸣，可以让母亲在现实的自我
修复中获得力量。

代际传递的焦虑和恐惧：海淀妈妈和美国上东区妈妈
——在不确定的世界里，守住一份确定

在社交媒体上，有一个对话流传很广——"问：孩子4岁，
英语单词量只有1 500，是不是不太够？答：在美国肯定是够了，
在海淀肯定是不够。"看似笑话，实则很能反映中国当下的现实
状况。

海淀，位于北京市的西北，是众多中国顶尖学府的所在地，
这里，产生了一个群体，她们被称作"海淀妈妈"。海淀妈妈，
是生活在海淀区，将几乎所有精力都付诸孩子教育上的妈妈们，
她们有的是以前家就在海淀的老北京，更多的是从小读书优异，

985高校或者海归的本科、硕士或博士毕业的女性，她们中不乏全球500强的高管或者某领域的专业人士，其中有的妈妈在孩子成长的关键时期，发展事业和培养孩子无法兼顾，索性选择辞职做全职妈妈。她们以孩子考入名校为目标，规划设计孩子的培养路径，并且监督实施。孩子从1岁长到10岁，海淀妈妈做了什么：

1岁，一开口说话，就开始中英双语教学；

3岁，能自己看英文绘本，背100首古诗；

4岁，开始学乐理、学钢琴、学画画；

5岁，奥数学习，思维训练，能做两位数的加减法；

6岁，上区里最好的小学，进奥数创新班，女孩第二乐器跟上，男孩练一项球类运动；

7岁，钢琴过八级，英语过KET（剑桥英语初级考试）；

8岁，看完《西游记》和《论语》，绘画拿到全国奖；

9岁，钢琴过十级，学古诗词和古文，学完或背完初三课本，第二乐器过七级，球类运动进入区队或者拿到市级比赛名次；

10岁，拿到奥数比赛一等奖，英语拿到PET（剑桥英语二级考试）证书[8]。

　　在大洋彼岸的美国纽约，母亲们的状况会轻松一些吗？并没有。当耶鲁大学人类学博士温妮斯蒂·马丁（Wednesday Martin）[9]和丈夫一起带着孩子搬到曼哈顿上东区时，她对那里的生存规则还一无所知。在那里，她遇到了"上东区妈妈"们，并且成为她们中的一员。从物色公寓、购买学区房、给孩子申请私立学校开始，她打响了一场艰苦卓绝的"战争"，其紧张激烈程度绝不亚于竞选美国总统。"上东区妈妈"之间在孩子的教育方面相互攀比，很多全职母亲因焦虑而失眠、厌食，种种状况超出了她的想象。作为一个接受过人类学训练的母亲，温妮斯蒂·马丁决定以参与式观察者的身份，在上东区开始她的田野调查。但她又并非全然的旁观者，身为人母的她为了孩子，也必须努力融入上东区"变态"的育儿氛围。这是上东区妈妈在孩子进入小学以前的教育清单：

　　　　2岁，要上"正确"的音乐课程；
　　　　3岁，需要请家教，准备迎接幼儿园严格的入学考与面试；
　　　　4岁，不会玩游戏的孩子需要请专门的游戏顾问；
　　　　托儿所放学后，这些孩子们将会被送去学习法语、中文、烹饪、高尔夫球、网球以及声乐……

　　在韩国，也有"天空妈妈"。天空，英文SKY，是将韩国最著名的三所大学首字母拼在一起——首尔大学（S）、高丽大学（K）、延世大学（Y）。每年，韩国只有2%的学生能考入这三所大学。而"天空妈妈"为了让孩子挤进这前2%，无所不用其极。

无论是美国的上东区妈妈，还是亚洲的海淀妈妈和天空妈妈，能够负担得起高昂的培养孩子的成本，她们的家庭状况都相对优渥，她们也大多是凭借自身所接受的良好教育、不懈的努力，才能跻身目前所处阶层的。读好书—找到好工作—过上现在这样的生活，是她们经历的人生轨迹。在面对下一代的教育时，过往的成功路径也决定了她们的育儿方式。美国社会学家安妮特·拉鲁（Annette Lareau）[10]在成名作《不平等的童年：阶级、种族与家庭生活》中，系统论述了家庭阶层地位与教养方式的关系，认为"家庭在社会结构中的位置有规律而系统地塑造着孩子的生活体验和人生成就"。

家庭在社会结构中的位置，与教养方式选择密切相关。发展到焦虑甚至扭曲的程度，很大程度上也折射出社会发展的结构性问题及其所带来的心理影响。

法国经济学家托马斯·皮凯蒂（Thomas Piketty）[11]用62万字、近700页的《21世纪资本论》，对过去300年来欧美国家的财富收入作了详尽探究，通过大量的历史数据分析，掷地有声地喊出：全球正在倒退回"承袭制资本主义"时代！

他的论证逻辑是，用"r（资本收益率）>g（经济增长率）"这一公式揭示出不平等——拥有资本的人的回报率远高于仅靠工资收入获得财富增长的人群。而且这个差距在快速拉大，变成几乎无法逾越的鸿沟。在美国，最富的10%人群占全人群的收入份额，从20世纪70年代的30%—35%上涨到21世纪头十年的45%—50%。

所谓"承袭制资本主义"，就在于经济的制高点不仅由财富决定，还由继承的财富决定，因而出身要比后天的努力和才能更重要。皮凯蒂指出，最富有的那批人不是因为劳动创造了财富，只是因为他们本来就富有。一句话：人生而不平等。因此，很多人戏称21世纪资本主义是"拼爹"资本主义。

对于海淀、上东区、首尔的妈妈们来说，向上的"门"貌似并没有关闭，可是却越来越快速地向目光所及处推远，可望而不可即，甚至逐渐望也望不到了。与此同时，向下滑落的风险每一分每一秒都在身边真切地发生。新冠疫情造成的全球冲击，让人类工作和生活方式发生了巨大改变；产业调整、全球经济低迷，带来随时降临的裁员消息，仅在2023年的1月，全球200多家知名科技企业，包括微软、脸书等大公司就裁员5.9万人，被裁的员工多为薪酬相对较高、人到中年、为人父母的中层管理人员；社会福利保障尚不充分，一场变故或者家中赚钱主力的一场大病，就可能导致家庭一夜致贫……这些都让每个家庭仿佛立于悬崖峭壁之边，为下一代规划的蓝图退缩为维持现状的"复刻当下"，或者说，能够复刻当下已经是巨大成功。

教育的问题从来都不仅仅是教育问题，而是社会结构性问题在教育领域显现出来的表征。脱离大的环境背景，就教育而教育开出的"药方"，常常让人感觉隔靴搔痒，甚至仿佛不食人间烟火——"告别工具主义""杜绝教育攀比""更多陪伴孩子""适度教育期待""更新教育观念"——看上去很美。

不能去苛责妈妈们，她们也是陷入"囚徒困境"中的人。明知是在搞装备竞赛，大量的时间和金钱投入进去，提高了分数，也同样提高了分数线，但是，谁也不愿意率先离开牌桌，因为害怕的是，谁先离开，就意味着谁先被淘汰出局。妈妈们的焦虑和恐惧，也在代际间传递，海淀妈妈的孩子在日记里这样写道：

> 残酷的现实令我感到无奈，既要与小学同学分别，等待我的初中又逊色于多数同学的初中。在这种种原因的困扰下，原本在班级里表现不错的我，现在都感觉没脸见那些上重点中学的大部分同学，更别说参与他们讨论的升学话题了，以致那天同学们在微信里热热闹闹地讨论自己的中学时，我一直都没有出声。[12]

"残酷""无奈"的阴影笼罩在这个刚刚进入初中的孩子身上。唯分数论、唯名校论，在于多元评价体系尚未建立，孩子兴冲冲讨论的话题、获得自信或者受到挫折的源头只有分数高低和是否进入好学校。

但其实，进入名校，未来有一份好工作，这样的单一化的目标，很难应对充满不确定的未来。尤瓦尔·诺亚·赫拉利（Yuval Noah Harari）[13]在《未来简史》中描述了一幅关于未来的图景："未来算法和生物技术将带来人类的第二次认知革命，人类将把工作和决策交给机器和算法来完成。如此一来，大部分人将沦为'无用的人'。"未来已来，在人工智能高速发展的今天，当下很多热门职业已经开始有逐渐被机器替代的趋势，进入顶尖名校，学习某个热门专业，很难保证就可以稳稳地不下坠，也并不必然达成"成功复刻当下"的结果。

社会结构积弊无解的外部环境下，在更多不确定的世界里，什么是确定的？成为海淀妈妈加入教育军备竞赛，就能有确定的未来？答案不言而喻。埃德加·莫兰（Edgar Morin）[14]在《教育为人生：变革教育宣言》中写道："教育，就要让每个人获得自主性，能够辨识进而避免偏颇和错误，实践对他者的理解，学会'生活'，学会如何面对人生的不确定性。"让人获得自主性，就是拒绝人的异化，明白教育是为人生服务。人生的命题很广阔，在鲁迅先生那里，人生命题是一要生存，二要温饱，三要发展；在阿德勒看来，人生命题是爱的课题、交友的课题和工作的课题；在马斯洛那里，人生命题是五个层级的不同需求的满足和实现。获得确定、守住确定，在当下更需要做的是，把发展的维度打开，把眼光放得更加纵深，衡量母亲和孩子发展的标尺，最终还是——**实现个人的幸福和帮助孩子获得追寻幸福的能力。**

人生海海，山山而川，以人为镜，可明得失。

明得失，是看别人，是直视虚构作品中、真实世界里母亲们的阿喀琉斯之踵，提升自我修复能力。

明得失，更是看自己。每一次"失"之后，总可期待还有所得——向内叩问，发现自我的弱点，尝试自我修复；也需要向外寻找，获得外部支持，以期更好地担当起母亲的角色。

可以提供支持的外部资源有哪些？母亲可以从其中获得怎样的力量？

下一章详述。

注释：

1 范戴克（Van Dijk），荷兰阿姆斯特丹大学荣休教授。话语分析领域的代表人物。他的研究主要以话语系统为研究对象，注重分析话语生成、传播和接受的生活语境和社会历史背景，从语言学、社会学、心理学和传播学的角度揭示语言、权力和意识形态的关系。

2　《弗莱斯曼有麻烦了》，2019年出版的美国小说，作者Taffy Brodesser-Akner，入选英国《金融时报》2019年度最佳小说。

3　《东城梦魇》（*Mare of Easttown*），2021年HBO出品，获得金球奖、艾美奖、美国演员工会奖、编剧工会奖、美国评论家选择电视剧奖诸多奖项。

4　《不要小看我》，是2021年浙江卫视播出的儿童成长观察类综艺，一共12期，是由儿童心理学家担任策划的聚焦儿童教育的节目，旨在为陷入"育儿焦虑"的父母们提供科学有效的育儿建议。

5　苏珊·福沃德博士（Susan Forward），美国心理医师、畅销书作家。代表作品有《情感勒索》《原生家庭》《恨女人的男人和爱他们的女人》。

6　《送我上青云》，2019年上映的中国电影。获上海国际电影节亚洲新人奖最佳导演、最佳影片提名。

7　德博拉·利维（Deborah Levy），英国小说家、剧作家、诗人。长篇小说《热牛奶》（*Hot Milk*），2016年进入英语小说界最高奖项布克奖决选作品名单，入选《纽约时报》年度好书。

8　引自《上岸——一个海淀妈妈的重点学校闯关记》，作者安柏，2020年出版。

9　温妮斯蒂·马丁（Wednesday Martin），于密歇根大学主修人类学，后于耶鲁大学取得比较文学与文化研究博士学位，著有《我是个妈妈，我需要铂金包——耶鲁人类学博士眼中的上东区妈妈》。

10　安妮特·拉鲁（Annette Lareau），宾夕法尼亚大学教授，对美国家庭教育进行了广泛、深入和持久的田野研究，2012年当选为美国社会学学会主席。代表著作有《不平等的童年：阶级、种族与家庭生活》。

11　托马斯·皮凯蒂（Thomas Piketty），法国经济学家，2013年出版了法语版《21世纪资本论》，被译成三十多种语言，成为全球畅销书。

12　参见注释8《上岸——一个海淀妈妈的重点学校闯关记》。

13　尤瓦尔·诺亚·赫拉利（Yuval Noah Harari），以色列历史学家。著有全球畅销书《人类简史》《未来简史》等。

14　埃德加·莫兰（Edgar Morin），法国当代著名思想家、法国社会科学院名誉研究员、法国教育部顾问。

Chapter 8

告别无依之母——何以赋能

听过那么多"丧偶式育儿"的吐槽,

也看过让人"不想结婚、不敢生娃"的剧作,

谁能击碎"母乳主义"的规约?

谁能逃过"母职惩罚"的羁绊?

是不是在生产前,也签一个"产前协议"?

构建一个生育友好型社会,

在人类历史上,从未像今天这样,成为全球难题。

谁发明了"丧偶式育儿"这么棒的词

　　各个年度的社会流行语，通常反映出这一年里最受关注的事件和某种行为方式，很多时候，都具有"社会情绪风向标"价值。2020年度中国流行语中的"神兽"，是上半年受新冠疫情影响在家上网课的孩子的代称，家长们要与活泼调皮仿佛"神兽"的孩子们斗智斗勇，盼早日"神兽归笼"是家长们渴望回复到往日生活状态的戏谑式期待；2021年，与"双减"共同进入年度流行语的还有"鸡娃"，一面是国家出台政策"减轻义务教育学生作业负担、减轻义务教育学生校外培训负担"，另一面则是从家长的角度近乎疯狂、痴迷地给孩子"打鸡血"，毫无积极效果，却令孩子和父母都身心俱疲。2020年，流行"内卷"，到2021年，"躺平"则成为年度流行语之一。

2016年，始发于互联网的"丧偶式育儿"的提法，迅速引发广泛共鸣，一度成为流行语，时至今日，还被经常引用。所谓"丧偶式育儿"，是指在家庭中，由于父亲角色的显著缺失而由母亲承担主要责任的育儿状态。这个词迎合了中国女性对父职长期缺席的不满，表述方式辛辣、吐槽意图昭然，很快成为在反思"教养母职化"现象时的常用语。

"丧偶式育儿"指向的议题非常沉重，但是提出这个议题也有令人欣喜的一面——这个词，就像一个探照灯，把长久存在却没有被广泛提及、讨论的现实照亮了，让其凸显在公众面前。另外，值得欣喜的是，这个词有一个预设——育儿的过程本应夫妻双方共同承担，如果只由妻子承担的话，就仿佛丈夫不存在的"丧偶"状态——这是社会发展的巨大进步，是对"男主外、女主内""父亲是理想工作者、母亲是理想照料者"的有力颠覆；夫妻双方如何在育儿过程中共同积极、平等、深入地参与和承担的问题，被摆上台面。

谁在用这个词表述自己当下的现状？绝大多数是城市"85后""90后"新生代母亲。她们出生于改革开放后，个体生命经历了中国经济的高速增长、独生子女政策、教育扩张、互联网兴起、市场化、工业化、城镇化以及全球化等重大事件。随着这批新生代女性相继步入婚姻，她们对待工作与家庭、婚姻与生育的价值观念，与她们的母亲有了显著差异。她们独立意识强，社会角色多元，勇于发声也善于发声，使得育儿话题从家庭内部走出来，成为社会议题，受到公众关注。

她们用"丧偶式育儿"反问那些长久以来不被挑战的固定模式——"谁不是辛苦努力赚钱？""谁不曾经是家中的小公主？""谁生下来就会带孩子，谁不需要适应社会发展学习育儿知识？""为什么爸爸带孩子就被褒扬，妈妈带孩子就理所应当？""谁规定的，孩子就是妈妈生、妈妈养，爸爸偶尔来欣赏？"——并且由衷地感叹，谁发明了这么棒、这么好用的一个词"丧偶式育儿"。

必须公允地说，近几十年来，全球范围内，男性对无偿家务劳动的投入有上升趋势。美国曾经做过"时间使用日记"的调查，结果显示，从20世纪60年代至今，男性所分担的家务活比例翻了一番，从约15%增长至30%多。中国国家统计局关于中国居民时间使用的数据也显示，2017年，平均每天投入家务劳动的时间，女性为2小时6分钟，男性为45分钟，女性比男性多1小时21分钟，**这一差距比2008年缩小了29分钟**。家有0—6岁幼儿同住的男性花在无偿照护劳动上的时间，**从2008年的41分钟上升至2017年的55分钟**。

10年的时间，男性多投入了14分钟给家庭内部的照护；男女对家务劳动的投入的时间差，减少了29分钟。这些数字的变化虽然缓慢，但是对于敲击并且松动固有范式，以及优化两性之间和代际的亲密关系，都是有进步意义的。谈论"丧偶式育儿"，这个"丧"字也确实有夸张的成分，其传递的是当下现状，与平等、深入地共同育儿的理想状态还相距甚远。对于新生代的母亲来说，夸大和夸张家庭中的育儿状态，更多地是一种对于父亲角色担当的期待。

吐槽的确很爽，却不能止步于传递情绪，还要深入思考这一现象背后隐藏的文化心理和社会发展的逻辑。

首先，整个社会对于父亲和母亲的期待，仍然有很大不同。2019年美国电影《婚姻故事》讲述了结婚多年并育有一子的戏剧导演查理和女演员妮可，在离婚过程中争夺抚养权的拉锯战争。妮可聘请的离婚律师的一大段台词，将从古至今社会对父亲、母亲的不同期待表达得淋漓尽致：

> 人们不接受一个喝大酒、冲孩子大吼、管他叫混蛋的妈妈。我知道，我也这么做。人们都能接受不完美的爸爸，面对现实吧，"好爸爸"的概念在30年前才被发明出来，在那之前，爸爸们就该是沉默的、不顾家的、不靠谱的、自私的，我们当然想让他们有所改变，但我们内心其实是接受他

们的，我们爱他们的不靠谱，但母亲如果有弱点，人们是绝对不会接受的，不管是从结构上，还是从精神上。因为我们犹太教、基督教什么的基础，就是基督之母圣母玛利亚，而她是完美的，她是一个生了孩子的处女，坚定地支持她的孩子，孩子死后还抱着他的尸体，当爸的根本没露面，而生孩子他甚至连屄都没掏出来，上帝在天堂，上帝是父亲，但他根本没有出现。所以，你（妮可）必须完美，而查理就算是一个废物也没关系，你总是被要求达到不同的、更高的标准，狗屁标准，但现实就是这样。

——电影《婚姻故事》

必须一提的是，律师的扮演者美国女演员劳拉·邓肯，把这一大段台词念得酣畅淋漓、抑扬顿挫，既有抨击又饱含无奈，迷茫中有清醒，清醒里又处处迷茫，令人拍案叫绝，贡献了电影史上反思"父职""母职"的经典桥段。这位女演员也凭借这部电影中的出色演绎，在职业生涯中收获了一尊奥斯卡最佳女配角的奖杯。

其次，男性本身的自我束缚同样强大。英国艺术家格雷森·佩里（Grayson Perry）[1]在他的著作《男性的衰落》里，从自身经历出发，反思传统男子气概的弊端及成因——社会对男性的期待、"男性气概"也内化成男性对自我的束缚。传统社会赋予他们的性别角色是:"娘娘腔"免谈,要追寻成功和地位,要被人仰望,要独立解决问题,要承受压力,要压抑痛苦,要掩藏悲伤……在他看来,部分男性自尊受创、备受侮辱,并非女权要求的两性平等伤害到了男性,而是从远古以来的男权观念将男性推至危险的境地。执着于社会性别的成功,忽略家庭内部亲密关系的建构和体验,也有男性将社会期待内化为自我选择的因素存在。

再次,将男性参与育儿视为"男性妥协"的偏见。所谓妥协,是各自拥有利益和责任的双方,其中一方为获取更期待拥有的事物,让渡本来属于他的利益。这里有一个预设,就是"我"让渡出去的,是原本属于"我"的。最近有一本书《男性妥协》[2],作者调查了中国广州的256名农民工后发现,由于经济压力,父母都参与有偿劳动以获得家庭经济支撑的家庭里,男性不得不作出妥协,会主动分担家务以及育儿的工作。选择用"妥协"一词,有非常强烈的先见预设,那就是男性本可以不做家务,但是由于家庭经济状况而放弃了自己的特权。如果把这些客观上令人欣喜的变化,视为随着经济发展,女性平等地参与到经济活动之中,在一定程度上推动了男性思想和行为的进步,岂不是更好?

最后,从社会发展的角度看,市场经济时代的逻辑终点,是不是"无子"时代的到来？市场经济时代，尤其是资本追求利润最大化愈发暴露出其嗜血本质的基本逻辑之下，每一个"996"的劳动者，背后都有一个亟待输血的家庭。家务操持、子女抚育、老人赡养等无偿劳动，是谁在承担？一个女性是否准备好了在高负荷的工作下兼顾家庭责任和母亲责任？一个男性是否有同样的勇气，在自我发展和家庭角色中背负起更多？这也就是德国社会学家乌尔里希·贝克（Ulrich Beck）[3]基于他对现代社会的分析观察，在他的著作《风险社会》中提出的预判："现代性的市场模式意味着一个没有家庭和儿童的社会，最终的市场社会是一个没有孩子的社会。"这是比传递"丧偶式育儿"的失望情绪更为可怕的逻辑推导，因为它叠加着每个人都感同身受的、社会发展对于个体时间和精力无限度的压榨和剥削——它告诉你，即便双方都有平等付出的意识，更多的时候，父母双方都有心无力。

看了让人不想结婚、不敢生娃：《坡道上的家》

如果开着弹幕观看2019年日本电视剧《坡道上的家》，会被观众们的呼声震到：

"太真实了，每一个细节都在身边发生过。"

"看了不想结婚，不敢生娃。"

"编剧是不是偷听了我们家的对话？"

"社会对女性那么苛刻，至少我们可以不生。"

"都是平日里发生的小事，因为太过平常，所以绝望。"

……

这部剧到底讲了一个怎样的故事，很难用一句话概括。它细细碎碎地展示了已经成为母亲和想成为母亲而不得的几位女性的日常生活。其中一个母亲被控杀死了自己的孩子，整部剧用对她的庭审串联起来，没有跌宕起伏的悬念和冲突，却以真实细节直戳人心。故事里的人物设置很具典型化意味，女性主要有四类：第一类是全职妈妈，包括犯罪嫌疑人和坐在庭审席上的陪审团候补成员，后者也就是女主人公；第二类是事业和育儿兼顾的母亲，她是陪审法官之一；第三类是公司高级职员，想生孩子一直没能如愿；第四类是公司普通职员，虽然身居职场，但一切以育儿为重。

第三类和第四类女性着墨不多。前者囿于"不生孩子就不是一个完整的女人"的社会评价，和丈夫多次尝试用人工方式受孕但不成功；后者已经生育，因为做着相对初级的职场工作，在育儿和工作发生冲突的时候，她们经常把工作甩给没有孩了的第三类女性，自己回家救火，而想生孩子而不得的第三类女性承受着生不出孩子的痛苦，还要在职场上为他人分担更多。

　　第二类是很常见的职场和育儿"蜡烛两头烧"的女性。身为法官，她一定从小成绩优异，受过优质的高等教育，期待可以在职业上有所建树，并且与丈夫共同养家，共同抚育下一代。那么，她实际上遭遇了什么呢？职场上，想要晋升就需要有外派的工作经历，她提出申请，上司问，你可以离开家吗？孩子谁照料？家庭里，说好了夫妇分担家务和育儿，但丈夫鲜有伸手，男性本也可以请育儿假，但他担心对升迁不利，于是放弃育儿假，把重负丢给妻子。女法官忍不住质问："我们说好一起做的啊。"丈夫很理所应当："我已经帮你很多了。"请注意，他用的是"帮"这个字眼，是他在"帮"妻子做在他看来"本属于妻子负责的事情"，而不是基于责任的"分担"。里面有一个细节，丈夫说："我妈妈建议是时候可以生二胎了。"这边，法官拿出避孕药默默吞下两粒。此时，弹幕几乎爆炸："感谢避孕药""做得好！""不要生！"……

　　全剧重点刻画的是第一类女性，全职妈妈。女主角参与庭审时，看到被控溺死孩子的母亲的人生经历，如剥洋葱般一层层祖露在眼前，产生了深深的共鸣——她不就是我吗？我也是她啊。

造成"杀人"悲剧的缘由有哪些呢？都是些太"寻常"的事：她们都是大学毕业，为了更好地育儿，终止了职业生涯；孩子哭闹、顽皮，可谁家的孩子不这样呢？带孩子出去散步，自己的孩子长得比别的孩子瘦小，会引来议论，是不是照顾孩子能力太差？丈夫也似乎很体贴，嘴上说着"别勉强自己"，在已经焦虑不堪的妻子听来，就是自己达不到妈妈的正常标准，不但没能力，还不接受现实；面对妻子在家里紧张、焦虑不安的状态，丈夫去找前女友倾诉、获得安慰，但没有实质性地出轨，而且前女友也能共情到"困"在家里的母亲的不易；上一代的婆婆和母亲们很不理解，照顾孩子就是母亲的责任，一代一代不就是这么过来的，挺过去，就好了，为什么年轻一代就这么难……

这部剧改编自日本女作家角田光代的同名小说，作家本人已婚未育，她用笔描摹出的生活细节，让人击节赞叹于她对生活敏锐的观察。在社交媒体上，也会有不同的声音：不至于吧？哪个母亲不经历这些？何至于就被压抑到精神恍惚，在给孩子洗澡的时候失神致孩子被溺死？至于吗？

至于。真的至于。非常至于。

压死骆驼的最后一根稻草很轻，跟压在驼峰上的每一根稻草一样轻，所有的"寻常"，一件件在被他人看来都是极其微小的小事，长久积累的不适、恐慌、不安、无助、无力、愧疚、自责、自我否定……都是那一根根稻草,每个日复一日和万劫不复之间,也往往就只差那一根很轻很轻的稻草——女主角在恍惚间,用被子捂住了哭闹不止的孩子,只是她很幸运,在关键时刻社工打开了她家的门,终止了悲剧的发生。如果溺死孩子的母亲也能有此幸运,如果有人能在关键时刻帮她拿走那根致命稻草……这部作品的意义,也就在于从他人的悲剧中,看到每个人都可以力所能及地做到的那些"如果",并且呼唤每个人都力所能及地去做那些"如果"。

剧集的最后,法官宣判被告人被判处10年有期徒刑。宣判完,法官继续说:"因初次育儿感到的困惑,又被周围人无心的言行所影响,更丧失了信心,没有人来帮助自己,也无法求助,这是无法否认的事实。"他看了一眼被告人,关切地朝她点了一下头,继续说:

被告人的罪行是由被告人独自犯下的,但究其根本,和本次案件有关系的,包括被告人丈夫和婆婆在内的家庭成员等所有人的各种情况混合在一起,最终对被告造成巨大的心理压力,才是根本原因。在此意义上,被告人的罪行属于不可避免的行为,其所有责任都由被告人一人背负,未必妥当,法庭认为,**这原本应由所有相关人员共同承担**。

法官共情地接应了作为犯罪嫌疑人的母亲的焦虑情绪，这是作家和编剧用法官的宣判，给予每个疲惫不堪的母亲的一个温柔的、理解的拥抱，并且拍了拍母亲的肩，告诉她，你本不该如此孤单，也告诉每一位读者和观众——整个社会、每一个人，都应该分担那根稻草，而不是在母亲肩头再压一根致命稻草。

在作家角田光代的书展座谈会上，有位男性读者向她提问："看完《坡道上的家》，我觉得好像每个角色都有自己的想法和苦衷，但同时也被自己的立场斩断了出路。我不想要事情发展成这样，身为男性，我还能做些什么呢?"这位读者提问完毕，全场为他鼓掌，角田光代兴奋地说，虽然这位读者没有分享看完的感想，但能够以旁观者的角度去看待别人的遭遇，并思考自己能够做些什么，就是小说给人的启发了吧。

告别"丧偶式育儿"，家庭中父亲参与家务劳动和育儿，会使得学龄女孩更有抱负。有研究表明[4]，她们会在设计自己未来的时候，更想当医生或者律师，而不是选择一条传统上局限于女性的道路，比如当保育员、护士或者全职妈妈。当然，学龄期的想法最终是不是真的会落实到职业选择上，还未可知。但是至少表明，在性别分工方面，孩子们受到的潜移默化的影响是很大的。

我能选吗？关于是否坚持母乳喂养

哺乳，是母亲引以为傲的身体功能。"妈妈啊妈妈，亲爱的妈妈，您用那甘甜的乳汁，把我喂养大……"不会有人记得婴儿时从母亲乳房吸吮的乳汁是什么味道，但它已经成为一种隐喻，一种充满圣洁的存在，一种天经地义，象征着母亲对孩子无私的付出，是孩子生命存活的天然养料，联结着人类繁衍的涓涓不绝的血脉。

人类对于哺乳的认知和实际实施，也一直在发生变化。早在19世纪，欧美很多国家的母亲开始出现分化，上流社会的母亲开始觉得哺乳有碍斯文，配方奶粉和雇用乳母成为潮流，而工薪阶层及底层的母亲还是以母乳喂养。在20世纪初的美国波士顿，90%的工薪阶层坚持母乳喂养，而中上层母亲的比例只有17%[5]。

这个过程与中国的情况也比较接近。在中国古代，皇室、贵族阶层以及富裕的大户人家，大多以雇用乳母为喂养方式。在1930年代左右，配方奶粉进入中国。彼时，着重强调奶粉可给予母亲更大的自由和活动空间，甚至可避免因哺育而断送身材、美貌，导致色衰爱弛的情况。因此，奶粉广告中的母亲形象大多数是打扮时髦，经常四处交际，但又无须上班的摩登妇女[6]。

20世纪80年代，母乳喂养成为主流。来自医学和公共卫生领域的研究，配合着国际上倡导母乳喂养的浪潮，全社会已经达成共识——母乳喂养是无与伦比的喂养方式，是保障婴儿成长发育和母亲健康的重要因素；母乳，是婴儿健康成长的福祉。"母乳最优"成为无须讨论的定律，世界卫生组织的关于母乳喂养的行动指南提出："6个月内纯母乳喂养是最佳的婴儿喂养方式。婴儿添加辅食后，建议持续母乳喂养到2岁或更长时间。"中国国务院先后印发《中国儿童发展纲要（2011—2020年）》和《国民营养计划（2017—2030年）》，其中都提出，6个月内婴儿纯母乳喂养率要达到50%以上的目标。

与孩子有肌肤之亲、建立身体和情感的纽带，用最优的方式喂养孩子，当然是每个母亲的首选。但是，也要看到母亲的差异性。有的母亲母乳匮乏，有的母亲受困于经济条件、家庭条件和工作时间缺乏弹性等因素的制约，因"最优"无法达到，常常产生低人一等的负疚。比如，《坡道上的家》里，女主因为自己的孩子身高和体重不及其他孩子，自惭于自己母乳不足，不是合格的好妈妈，其他妈妈关切的眼神反倒给她很大压力；有的母亲由于家庭经济条件的限制，生产之后，必须迅速返岗，甚至要离乡去外地工作，不得不给孩子断奶；职场里，因为要每一两个小时就要用吸奶器吸奶，重要的项目、关乎升职加薪的出差谈判，往往不能去，即便是日常工作中，也总是被吸奶打断，自己在团队中，仿佛是异类；哺乳期母亲睡眠不足，又常常影响家庭和工作中的情绪状态和工作效率。母亲喂养活动的身体经验和心理困扰一直存在，而在"母乳喂养"越来越变成衡量母亲是否为好妈妈的标准的大背景下，这些经验和困扰常常不被看见，更无须讨论——"母乳最优"，所有母亲都要朝着那个目标努力。很多母亲都要克服不完整的睡眠、在公共空间哺乳的尴尬、职场的歧视，还有更重要的——来自社会、亲属以及自我的道德压力。

"我可以选择吗？是否坚持母乳喂养？"问出这个问题，已经需要巨大的勇气。

能过得了自己的母亲或者婆婆这一关吗？她们会说：你又不是没有奶，有奶不喂就不配当妈。

能过得了自己这一关吗？难免自问：别人都可以，为什么就我不行？我是不是不够努力？我是不是真的不配当妈？

当然可以选择——充分了解母乳喂养的优势，基于自己身体和经济条件理性权衡，尽量将不利影响降至最低的同时，作出自主选择，不必有任何的道德压力和负疚。

因为——乳房是自己的，孩子是最爱的。非不想也，实不能也。

每一个选择背后都有深思熟虑，也都有对孩子无条件的母爱。

《母乳主义》一书的作者考特妮·琼格是一个选择哺乳的母亲，在与其他年轻妈妈交流哺乳经历时，她看到了长久被忽视的母亲们的困境。她走访医学专家、研究人员、母乳喂养倡导者和十几位母亲，梳理了母乳从个人选择演变成道德义务的过程，呼吁卸下母亲们的道德枷锁，将喂养方式的选择权归还母亲：

> 我并不反对母乳喂养，我反对的是母乳绑架。我反对用某个特权群体喂养婴儿的特定方法作为标杆，去衡量没有条件哺乳或者不想哺乳的那些人……让我深感担忧的是，一些哺乳倡议把母乳喂养视为目的而非手段，忽略了广大母亲与孩子的需求、利益，甚至是生命。
>
> ——《母乳主义：母乳喂养的兴起和被忽视的女性选择》

生一个孩子，母亲要少赚多少钱？何谓"母职惩罚"

生个孩子，少赚多少钱？

是不是太斤斤计较了？要算得那么清楚吗？

可以不算，因为母爱无价。

但也需要算。生育，从个体而言，关乎个人的幸福和发展，从人类的角度而言，则直接影响物种的延续和发展。为什么越来越多的女性生育意愿变低了？在众多影响因素里，"母职惩罚"就成为理解这一现象的其中一个视角。

什么是母职惩罚？

母职惩罚（motherhood penalty），是一个社会学概念，指的是在工作场所，职场妈妈在薪酬、认可度、福利方面，相对于男性和未生育的女性所遇到的一些劣势。

美国经济学家科伦曼和纽马克（Korenman and Neumark）经过大量统计研究发现：只有一个孩子的母亲工资率[7]，比非母亲低3%—10%；有两个或更多孩子的母亲工资率比非母亲低6%—20%；母亲每多生一个孩子会造成工资率降低3.7%—7.3%。

美国的研究人员所做的招聘实验也显示，84%的招聘者有意愿雇用未育女性，只有47%愿意雇用已育女性。母亲在招聘中被录用的概率低于未育女性21%[8]。

英国作家卡罗琳·克里亚多·佩雷斯（Caroline Criado Perez）在《看不见的女性》[9]中引用了伦敦财政研究机构的研究数据：在英国，生了一个孩子后的12年时间里，男女薪资差距会增加到33%；42%的女性有兼职，而男性只有11%。全部的兼职工作中，女性就占了75%，女性为了获得家庭内无偿劳动所需

的弹性工时，只能从事那些低于自己技能水平的工作，无法赚取
她们应得的薪资。作者也研究了美国的数据：有孩子的已婚女性
和已婚男性的薪资差距，是没有孩子的男女薪资差距的3倍。

中国的情况怎样？清华大学社会学系申超[10]的研究得出了这
样的数据：1989—2015年的26年间，母亲的平均工资增长率比
非母亲低1.6%；这26年间，子女数量对女性工资均具有显著的
负向影响，生育对母亲的收入始终表现为一种惩罚效应，并且惩
罚效应的强度随时间的变化而不断增大。1989年，每多生一个
孩子会导致女性工资率降低9.41%，而到了2015年，每多生一个
孩子会导致女性工资率降低17.47%。

"母职惩罚"这个概念，提炼出母亲在职场上的不平等，引
起讨论和关注，而以上这些数字，像一个Zoom变焦"刷"一
下，放大且更清晰、更直观地将不平等推至眼前。

当然，这些数据还没有加入母亲的受教育程度、所处行业、
所处地区，以及是否单身等更为细分的变量，但就是这个总体的
数字已经足够引起重视。

"更有抱负、更有养家压力的父亲"和"不敬业或者想敬业
而不能的母亲"，是职场上长久以来的刻板印象。从雇主的角度
看，即便母亲并没有因为生育导致工作效率降低，但"好妈妈"
的形象和"理想工作者"之间难免冲突。"母职惩罚"背后反映

了职场文化中"不能明说，但都心领神会"的隐性歧视，渗透到就业机会、职业类型、工作的连续性、人力资本积淀、薪酬待遇、晋升等很多方面。然而，在巨大的经济发展压力之下，企业兼顾经济效益和社会效益也有诸多掣肘，理性计算和效率追求通常是最优先级的考虑。

于是，母职惩罚逐渐演变成一个死循环。美国社会学家阿莉·拉塞尔·霍克希尔德（Arlie Russell Hochschild）[11]在《职场妈妈不下班——第二轮班与未完成的家庭革命》中犀利地指出，母职惩罚展示了两性间不平等的更大的社会学原因，间接地维持着"他"和"她"之间不平等的家务分配。而不平等的家务分配，又造就了更严重的母职惩罚。

来签个产前协议？看似激进又可笑的助生协议"Push-Nup"

既然很多时候需要面对"丧偶式育儿"的窘迫，也有"不敢生"的忧虑，还可能影响升职加薪，是不是可以为生育加一个能带来安全感的保障？

美国电视连续剧《傲骨之战》[12]在2022年的第六季中，有一集就提出了这个议题：在妻子生产之前，她高额聘请律师，意欲跟丈夫签订助生协议"Push-Nup"。为了更好保障自己的利益，丈夫也高额聘请了律师团认真应对。所谓Push-Nup，从婚前协议Pre-nup借用词根nup而来。丈夫的律师团乍一听到这个词也是一愣，但马上理解，的确，改变法律都是从一个好名字开始的，比如Palimony（pal是伙伴，-mony是赡养费的词根），正是创造了这个词，美国的立法开始支持对前同居对象也需要定期支付赡养费。那么，产前协议，或者叫作"助产协议"Push-Nup，如何约定呢？首先，对生育和抚养孩子的各个阶段进行费用估算，比如分娩时间，按照每小时3万美元计算，从第一次宫缩开始计时，如果是剖宫产的话，费用按照另外的标准计算。其次，妻子因为怀孕和生产带来的身体不适、身材改变以及对工作的影响，都进行量化，计算出总的损失，并求得补偿。

什么？生孩子还要跟我的客户收钱？这是男方律师的忍俊不禁，也许也是观众看到这个情节的直觉反应——实在是太过激进和可笑。

笑过之后，也难免会沉思。这是一个妻子在生产前对因生育带来的个人损失做精确量化预估、将理性计算推到极致提出来的诉求，虽然出现在虚构作品中，但的确有现实逻辑的基础。

助生协议Push-Nup应该找谁签？在家庭内部只能找丈夫。

但是，孩子是全社会的财富，能跟全社会去签这样的一个助生协议吗？肯定也不能。

对于母亲的支持，全社会都有责任。因为它不只关系到人类的繁衍和延续，它还关系到整个社会当下经济发展和每个人的幸福生活。

日本2014年度《经济财政白皮书》中称，如果增加育儿援助措施，职场女性数量或将增加100万。而对于女性的职业类别也并不拘泥于正式员工，打零工也好，非正式员工也好，总之，只要能让母亲们出来工作，国家税收就会增加，日本的经济就会好转。女性收入增加了，相应地其消费水平就会提高，从而促进日本经济的增长，这份白皮书几乎直抒胸臆——母亲们，为了国家的经济增长，你们出来工作吧，育儿援助会跟上的。

2023年，岸田首相提出，日本必须建立"以儿童第一"的经济社会，将育儿政策的预算增加一倍，重点关注三大支柱。第一，经济支持。政府为每个孩子每月提供1万日元至1.5万日元（约等于67美元至101美元），直至初中毕业（15岁）。也就是说，一个家庭每生一个孩子，15年里最高可以获得政府的补贴接近于人民币14万元。第二，托儿服务。增加儿童保育的数量和质量，包括课后照料儿童和照料病童服务，以及增加母亲的产后服务。第三是方法改革，涉及改进育儿假和其他措施，以创造更有利于女性生育的工作环境。

"生育友好"之难

全球范围内，很多国家都面临低生育率的问题。2023年1月，中国国家统计局公布，2022年年末全国人口141 175万人，比上年末减少85万人，这是近61年来中国首次人口负增长。同年，日本新生儿数量首次跌破80万人，这是从19世纪末有这项统计以来的最低值。彭博社《商业周刊》的文章指出，美国的生育率在过去30年里一直持续下降，1990年时美国的生育率为每年每1 000名15到44岁的女性中有71人生育，但到了2019年时这个数字已经跌到了58个。

为构建生育友好型社会，各国相应的支持政策也在陆续出台。从跨国比较来看，家庭以外的育儿照料可得性高、照料质量好、费用相对低的国家，女性就业可能性高，获得的工作也比较好[13]。

但是，延长产假，则有可能重新强化传统不平等的性别分工——允许母亲较长时间退出有酬工作的制度安排，会使得雇主对母亲的歧视加深。中国在2021年放开三孩后，各地政府都出台了相应政策进一步延长了产假，陪产假也有所增加。目前全国各地产假范围大多是128—190天，而男性陪产假在7—30天。虽然出于身体恢复和哺乳需要，女性的产假应该高于陪产假，但是新政策中新增的产假进一步加大了产假和陪产假的天数差异，导致女员工因生育影响工作的程度变大，加剧了女性因生育遭受的就业歧视，同时不利于提高男性对育儿活动的参与度，进而降低了职业女性的生育意愿。[14]

而且，西方国家提出的弹性工时安排，由于主要集中于劳动密集或低技能的工作，管理、技术工作很难实现，也造成母亲转向低于自己实际能力的工作岗位，获得低薪、产生低成就感。

可见，构建生育友好型社会之难，一是政策不可能一蹴而就，二是很多政策的出台，解决了一部分问题，也常常带来新的问题。

但是，人类就是这样自私又可爱。逻辑、理性地"噼里啪啦"算盘打完，不生了吧；放下算盘，也还是愿意养育下一代，渴望一个崭新的生命经由自己而来，从此与他建立美好的情感连接。然而，现实压力和情感渴望的彼此冲突、妥协，会有一个临界点。界线之内，个体的情感会占上风，越过那个临界点，就只能遵从和屈服于现实。如何在临界点之上兜底，还需要充分考虑各类母亲的不同物质和情感需求。如果以"是否自主选择"和

"是实现家庭成就还是社会成就"两个维度看母亲的类型，有以下四种，她们的需求也各有不同：

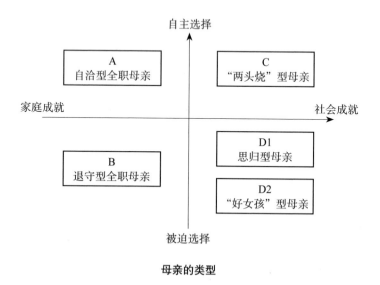

母亲的类型

A是自洽型全职母亲。自主选择成为家庭主妇、全职妈妈，她们是自洽且自在的。虽然日本作家汤山玲子[15]将山口百惠这样结婚以后放下事业回归家庭的行为视作"山口百惠的诅咒"，但是，如果女性跟从内心自主、自愿地作出这样的选择，也是当事人的自由。巨大的风险就在于负责养家的父亲的职业是否稳定，婚姻能否一直稳固。对抗风险，她们需要顺应时代发展的技能培训和以家庭为单位的计税制度。

B是退守型全职母亲。她们内心渴望社会成就，但是基于现实考量，不得不退守家中。如果期待回归之后的再就业，她们迫切需要获得技能培训和育儿政策、育儿服务的支持，让她们能够尽快走出家庭，做她们想做的事，成为她们想成为的人。

C是"两头烧"型母亲。她们自主选择进入职场，同时也要兼顾家庭和育儿，就是通常被称为蜡烛"两头烧"的母亲。对于她们而言，一头需要破除职场隐性歧视，另一头也需要在家务育儿劳动的市场外包和代际外包之外，还有价格低廉，能负担得起的政策型、普惠型、公益型外包形式。

D型母亲，有两类，一类是思归型母亲。她们渴望回归家庭，但现实的经济条件是，只靠丈夫一个人难以维系日常开销，不得不进入劳动力市场。另外一类是"好女孩"型母亲，她们在成长道路上一直是好女儿、好学生，接受了高等教育，社会期待她们能有所成就，她们通常会在该结婚的时候结婚，该生孩子的时候生孩子，并且努力不辜负社会期待成为优秀的职场女性。但其实，她们自己的内心并不以此为乐，更享受育儿和与孩子成长的每一个瞬间。D型"思归"和"好女孩"型母亲，要么"幸运"地成为A型"自洽"母亲，面对A型母亲的风险，要么就是继续比C型更纠结地、日复一日应对"两头烧"的处境。

不论是成为哪种类型的母亲，自主选择和自我独立，都不可放弃。《坡道上的家》里的女主人公对于自己曾经选择"温顺地放弃"，说出了给予每一个母亲的醒世之言：

要是自己说想离婚，应该没有人会理解我吧。"你到底对那么温柔的丈夫有何不满？"任何人，搞不好连自己咨询的律师都会这么说吧。而且如果真的想要离婚，自己必须先找份工作，还要有住的地方，也得帮文香找托儿所才行，还得考虑如何争取孩子的抚养权。

想到这里，里沙子愕然意识到：我竟然什么都没有。或者说，全被阳一郎巧妙地夺去了。我根本无处可逃。不过，那也是因为我自己选择了温顺地放弃，结果搞得自己毫无立足之地。

——小说《坡道上的家》，角田光代著

永远不要"温顺地放弃"，要勇敢并且坦然地去获取外部支持。改变从来不能只是"坐等"，世界范围内，女性为获得受教育的权利、选举权等很多基本的人权，都曾经参与甚至发起了相关争取的活动。

今天，母亲还能为自己、为未来的母亲们做些什么？

去学习。2022年6月，谷歌公司同意支付1.55万名女员工1.18亿美元（约合8.6亿元人民币），就性别歧视的诉讼达成和解。这些女员工引用的数据，就来自前文提及的长期关注工资性别歧视的美国经济学家纽马克（Neumark）的研究成果。前人的研究是阶梯，学习方能看见台阶，踩上去，拾级而上——向更好的目标。

去发声，去书写，关于母亲丰富的个体经验和个体处境。

《母乳主义》的作者特妮·琼格（Courtney Jung）基于自己哺乳和同伴哺乳的经历，出版《初为人母》的安·奥克利（Ann Oakley）感受到的怀孕、分娩和育儿过程的种种不适、不安、恐惧和无助，这些体验都成为她们的写作材料，一经书写，即成为当下和后来者的阶梯。

如果还有余力，走出去。走出自己的小圈子，接触那些没有机会发声和书写的人，接触那些"遥远"的母亲，她们可能就在身边，只是生活的范围、关注的视野把她们变成了"遥远"的人，去触摸她们、记录她们——每一个母亲的个体经验，都有普遍、共通的价值。

去做。去创造和参与每个微小的良性的改善。上野千鹤子回顾几十年的研究和对世界的参与，曾感慨："有些事情就算说出来也很难改变，如果不说就更不会改变了……如果不表达内心的愤怒，不掀起波浪，什么都不会改变。"

丢一颗石子，荡起涟漪。

就像，一只南美洲亚马孙河流域热带雨林中的蝴蝶，开始扇动它的翅膀……

注释：

1　格雷森·佩里（Grayson Perry），英国当代最受瞩目的艺术家之一，同时也是作家，并且担任伦敦艺术大学校长，他本人热衷于异装。8岁的时候就展现出"陶艺"和"易装"的才华。进入大学后，他将自己变成一个叫"克莱尔"的女孩，拍摄各种自己穿女装的照片。并选择陶器作为材质，以"克莱尔"为题材，进行各种陶瓷绘画装饰创作。2003年，佩里因其在阿姆斯特丹市立博物馆（Stedelijk Museum）和伦敦巴比肯艺术中心（Barbican Art Gallery）的展览而被授予特纳奖。

2　《男性妥协：中国的城乡迁移，家庭和性别》，由香港中文大学教授蔡玉萍、浸会大学副教授彭铟旎合著。

3　乌尔里希·贝克（Ulrich Beck），德国社会学家，被认为是当代最具影响力的思想家之一，"风险社会"概念的提出者。他以独特的视角、犀利的语言分析社会，提出现代社会是一个风险社会。

4　相关研究参见CBC NEWS，Emily Chung：父亲做家务，女儿更有抱负。

5　数据来自《母乳主义》，作者为加拿大多伦多大学教授考特妮·琼格（Courtney Jung）。

6　参见《母乳与牛奶》，作者为香港中文大学历史学博士卢淑樱。

7　工资率是单位时间内的劳动价格。工资率W=总产量Y/劳动时间L，因此工资率也就是单位时间的报酬。

8　相关研究参见Correll 1997年发表于《经济调查》的"被忽视的个体差异：婚育与收入"。

9　《看不见的女性》，是英国作家、记者卡罗琳·克里亚多·佩雷斯（Caroline Criado Perez）的著作，用数据和数字揭示了女性处境。她本人被誉为"掌握数据的西蒙娜·德·波伏瓦"。

10　相关中国母职惩罚研究数据，引自清华大学社会科学学院社会学系申超的研究《扩大的不平等：母职惩罚的演变（1989—2015）》。

11 阿莉·拉塞尔·霍克希尔德（Arlie Russell Hochschild），美国加州大学伯克利分校社会学系退休教授，当代美国知名社会学家，美国社会学界情感社会学的重要奠基人之一。她于2000年获得美国社会学学会授予的"公共社会学"终身成就奖，并于2015年获得都柏林大学授予的"尤利西斯奖章"。

12《傲骨之战》（The Good Fight），美国2017年起推出，至2022年已经制作播出了6季。该剧讲述了芝加哥一个律师事务所里的故事，从法律的视角展现美国当下的政治、经济、文化等领域的新问题。

13 参见苏州科技大学陶艳兰等于2020年所做的《社会政策支持母亲就业的关键问题》的研究。

14 2022年3月4日《华西都市报》报道，全国人大代表、温州大学研究员蒋胜男提出"关于改善产假、陪产假及育儿假规定"的建议。她指出，育儿是夫妻双方的责任，目前的产假实质上默认照顾新生儿的大部分责任由母亲承担。为了给男性更多的时间照顾产妇和新生儿，建议将男性的带薪陪产假增加到30—42天，这里参考了女性的产褥期是42天，正是非常需要配偶照顾的时期。

15 汤山玲子，日本作家、导演。日本大学艺术学院文学与艺术系兼职讲师，著有《一个女人的寿司》《穿女装的女人》《跨越40岁！》等。

Chapter 9

求真、向善、尚美——母亲的软实力

决定我幸福的不是我的社会地位，

而是我的判断；

这些判断是我能够随身携带的东西……

只有这些东西才是我自己的，别人无法从我身边拿走。

——爱比克泰德《哲学谈话录》

我们之所以爱一个人

当我们谈论我们为什么会爱上一个人，我们在谈论什么？

是一个人的身份、地位和外貌？是他或她拥有的财富、学识和技能？这些重要吗？重要。它们是提供时空交集的幕布和背景，是两个人相遇、开始有效互动的前提和可能。但是，真正让人燃起爱欲、渴望亲密的，往往是这些幕布和背景以外的东西。

在婚姻咨询中，处理已经出现重大问题的夫妻关系，通常会用一种方法：认真回忆和梳理"我之所以爱Ta"的理由。当一个人开始再度沉浸于曾经爱意萌动的无数瞬间，从情感的深海里，能够打捞上来的通常会是什么？

美国电影《婚姻故事》中，男主角在回答"我之所以爱她"这个问题时，列举出了妻子身上的特质，是这些让他为她着迷：

我之所以爱 Ta	我爱 Ta 的什么
我之所以爱妮可，是因为即使令人尴尬的事，她也能让大家感到自在。当别人诉说时，她总是耐心倾听，有时她会因此花很多时间。她是个好市民。当遇到棘手的家庭琐事时，她总是知道该如何处理。当我犹豫不决时，她知道何时该推我一把，何时让我一个人静静。我们的头发都是她剪的。她总是莫名其妙地泡一杯茶，却不喝。对她来说，把袜子收好或者关柜门或洗碗都不容易，但她会为了我努力去做。妮可在洛杉矶长大，身边都是演员、导演，是电影和电视，她和她的母亲桑德拉以及姐姐凯西关系很好。她很会挑礼物。作为母亲，她会用心跟孩子玩耍。她从不厌烦，或对孩子来说，玩过头了，但有时候肯定是玩过头了。她争强好胜，她胳膊很有力，很会开罐头，这一点让我觉得她很性感。她总是把冰箱塞得满满的，不会饿着家里任何一个人。她会开手动挡的车。出演了一部电影以后，她本可以留在洛杉矶成为一名电影明星，但她放弃了这个机会，跟我到纽约去演戏剧。她很勇敢，舞技超群，很有感染力，她让我也希望自己会跳舞。当她不知道什么事或者没有看过某本书、某部电影、某部剧时，她都直言不讳，而我会信口开河，或是假装自己有一段时间没看了。她最喜欢把我的疯狂想法付诸实践，她是我最喜欢的女演员。	亲和、包容 有耐心 给人鼓励、安慰 生活能力强 努力适应对方 有爱、 也懂得表达爱 爱孩子 会照顾人 愿意为爱付出 专业突出 坦诚、坦率 好的合作伙伴

　　他罗列了那么多，绝大多数都是她身上的品行和性格，是那些无论贫穷与富有，无论事业有成还是职业困顿，无论地位显赫还是位卑人微，都无法被拿走的，在她身体里、在她生命中的那些一直存在的东西。那些，才是在谈论"之所以爱"时的关键词。只有两处提到她的身份和专业技能，而这些不过是作为戏剧

导演的男主人公和身为演员的女主人公得以结识、得以拥有生活交集的前提条件。

身为母亲的影响力

一个人可爱、值得被爱，一个人爱上另一个人，那些可以被量化、被标定的世俗意义上的成功，并非必要条件。深深打动人，让人不自觉地被吸引、无可救药地陷入的，才是一个人生命中所拥有的最为可贵的部分。这些可贵的部分，可以称之为"个人软实力"。

20世纪90年代，美国学者约瑟夫·奈（Joseph Nye）[1]提出的"软实力"概念，是一个国际政治概念，是相对于国家的资源、经济、军事以及科技等"硬实力"而言，通过吸引而非强制或者利诱的方式，改变他国的行为，从而使本国得偿所愿的能力。国家软实力主要包括一个国家文化、价值观的吸引力，外交政策的道义和正当性，处理国家间关系的亲和力，以及国际舆论对于一国的国际形象的赞赏和认可度等。这个概念，在人文社科领域被广泛使用，尤其在个体全面发展的研究中，也很有阐释力——个体层面的"个人软实力"，相对于个人的权力、财富、社会地位和有影响力的社会关系这些"个人硬实力"，包含人的智能结构、思维品质、心智模式等，而这些体现了个人魅力和个人风格，是对他人和环境产生持续影响的更为重要的力量。英国的两位致力于行为心理学研究和应用的专家[2]，在他们的著作《影响力法则》中提到，人的影响力由30%的硬实力和70%的软实力组成，在职场、家庭和社交环境中，个人实力需要"软硬兼施"。

身为母亲，之于孩子的影响力，其中个人软实力的部分占比会更大。在没有受教育权的时代，一位母亲，即便没有社会地位，无法实现社会价值，但在家庭内部，对孩子的影响力都不可估量。

胡适人到中年，深情地回忆母亲对自己人生的影响，写就了动人的追忆散文《我的母亲》。胡适的母亲由于家境贫苦，在17岁时，以续弦的身份嫁给年长自己三十几岁的丈夫，19岁生下胡适，4年后丈夫就过世，无奈中，她不得不带着胡适回到老家与两个继子一同生活，23岁就成了乡村大家族主母。胡适13岁时，母亲毅然将他送往上海求学。徽州人固有"十三四岁，往外一丢"、送男孩出外学徒经商的习惯，但胡适毕竟是他母亲年轻守寡时朝夕相处的独子，深明事理的母亲送儿子上路时，没有在儿子和众人面前掉一滴泪。在4岁到13岁的9年时间里，胡适回忆道："这九年的生活，除了读书看书之外，究竟给了我一点儿做人的训练。在这一点上，我的恩师就是我的慈母。"她黎明即起，每早会跟胡适细说昨日之过错——"每天天刚亮时，我母亲就把我喊醒，叫我披衣坐起。我从不知道她醒来坐了多久了。她看我清醒了，才对我说昨天我做错了什么事，说错了什么话，要我认错，要我用功读书"；她是严厉的慈母——"她从来不在别人面前骂我一句，打我一下。我做错了事，她只对我一望，我看见了她的严厉眼光，就吓住了"；胡适的二哥在外地"经营调度"，大哥却在家吸鸦片、赌博、借赌债。每年除夕都会有一大群讨债的上门，全靠母亲"不露出一点怒色"地周全打点。母亲23岁做了寡妇，又是当家的后母，连胡适这样的大文豪都感叹，"这种生活的痛苦，我的笨笔写不出万分之一二"。身为后母，她处理婆媳矛盾也是镇定自若，体现出默不作声的善良，凡此种种都给胡适幼小的心灵烙下了深深的痕迹，在潜移默化、耳濡目染中让胡适认识到善良是人最美好的品质。胡适一生与人为善，留下了许多的佳话，都与母亲的影响分不开：

我在我母亲的教训之下度过了少年时代，受了她的极大极深的影响。我14岁（其实只有12岁零两三个月）就离开她了。在这广漠的人海里独自混了二十多年，没有一个人管束过我。如果我学得了一丝一毫的好脾气，如果我学得了一点点待人接物的和气，如果我能宽恕人，体谅人——我都得感谢我的慈母。

——胡适《我的母亲》

这是胡适母亲的个人软实力。

莫言5岁的时候，正值中国1960年的大饥荒时期，母亲劳作的画面开启了他文学之路的起点——"我最初的记忆是母亲坐在一棵白花盛开的梨树下，用一根洗衣用的紫红色的棒槌，在一块白色的石头上，捶打野菜的情景。绿色的汁液流到地上，溅到母亲的胸前，空气中弥漫着野菜汁液苦涩的气味。那棒槌敲打野菜发出的声音，沉闷而潮湿，让我的心感到一阵阵地紧缩。"——这段描述里有颜色、声音、气味，有活生生的动感的形象，有心灵感受。莫言写下《母亲》[3]的散文时，已经五十余岁，从关于母亲的记忆画面里，他体悟到自己的写作特色最初是如何形成的——关于母亲的画面及其感受"在某种程度上决定了我小说的面貌和特质"。

最让作家难忘的是，劳作最辛苦的是母亲，饥饿最严重的也是母亲，但母亲总是一边捶打野菜一边歌唱。母亲在唱什么？她如何唱得出来？莫言百思不得其解。村里不断有女人自杀，一天，莫言找不到母亲了，他很恐惧。当母亲又出现在他的面前，年幼的莫言哭了。母亲轻声告诉他：孩子，放心吧，阎王爷不叫我，我是不会去的！这句话给了莫言安全感和对未来的希望，很多年以后，他仍然无法忘记母亲说这句话时的情景——"母亲这句话里所包含着的面对苦难挣扎着活下去的勇气，将永远伴随着我，激励着我。"

莫言的母亲没有读过书，却影响了一代文坛巨匠文学道路的塑造、人生观和价值观的形成。她的言行，拨动了孩子的生命感受，并且渗透到孩子的思想、品格之中。

这是莫言母亲的个人软实力。

居里夫人的追悼会上，与她保持了20年友谊的挚友爱因斯坦充满崇敬之情地回忆她、评价她："我们不要仅仅满足于回忆她的工作成果对人类已经作出的贡献。第一流人物的道德品质对于时代和历史进程的意义，也许要比纯粹智力成就的意义更为重大，而且就是这些纯智力的成就也是在比通常所认识的更大得多的程度上决定于一个人的品格的高尚的。"这也可以理解为最伟大的人物，留给后世最大的遗产，是他（她）们的高贵品质，是他（她）们的个人软实力。

居里夫人生前有一段时间罹患疾病在乡下休养身体，她看女儿养的蚕吐丝作茧，看得津津有味，不禁戚戚于心：

那些很活泼而且很细心的蚕，那样自愿地、坚持地工作着，真正感动了我。我看着它们，觉得我和它们是同类，虽然在工作上我或许还不如它们组织得那么好。我也是永远耐心地向一个极好的目标努力。我知道生命短促而且脆弱，知道它不能留下什么，知道别人的看法完全不同，而且对自己的努力是否符合真理没有多大把握，我还是努力去做。我这么做，无疑是有什么使我不得不如此，有如蚕不得不作茧。

我们每个人都吐丝作自己的茧罢，不必问原因，不必问结果。

——《居里夫人传》

这是居里夫人写给外甥女涵娜的信。二女儿在为母亲作传时，收录了这封信。

自愿地、坚持地、努力地、耐心地去做，是居里夫人作为母亲的个人软实力，影响着两个女儿。

个人的软实力体现在承受挫折的能力、说服力、意志力、进取力、自信力、容忍力、展示力、学习力、执行力、亲和力、诚信力、创造力……

身为母亲的软实力，一言以蔽之，体现在求真、向善、尚美。

"真"——难啊，难能可贵的生命之根

"真"，是真诚地面对自己；是对生命体验的真实反应、真实记录和真实表达；是真实地示人；是真实地进入这个世界；是成为一个真实的母亲。

但是，"真"，好难啊。

在智能手机的时代，使用频率最高的App，是照片的修图类软件。磨皮、祛斑、瘦脸、拉长腿，拍照一秒钟，修图十分钟。这其中的心理，非常耐人寻味。不需要对照镜子，就知道这张被P过的图并非真实容貌，是假的。发到社交网络上，观看者也知道这张图是假的，而"我也知道他们知道我发出的图是假的"，修图的"我"还是会用滤镜、"一键智能"出一张假面。即便不展示到社交网络上，只是留存在自己的相册中，也无法关闭"美颜"，撤掉滤镜。为什么无法接受自己真实的容颜，照片上努力地拒绝和嫌弃皱纹、色斑、暗淡的面色、松弛的肌肤、苹果肌塌陷、胸不够大、腿不够长、腰太粗、身材比例不完美，是不是也在拒绝和嫌弃真实的自己？拒绝和嫌弃了自己，真实的自己有哪怕一丝一毫变得更好了吗？在自己制造幻象的过程中，对真实的自己的拒绝和嫌弃是不是被更加强化了？

电影演员、导演陈冲在接受采访时剖析了这种现象:"这会失去生命的很多质感。一切都很光滑,一切都可以P图,一切都可以把它粗糙的质感摩擦掉。它是另外的一种关注,它通过一层磨光以后,对另外的不是生活本身的一种关注……如果接受这种'塑料'的感觉,我们都在渐渐失掉自己的个性。"

接受真实的外貌,难。坦露真实的体验、真实的思想,更加难。作家冰心19岁就开始发表散文和小说,在谈及自己的创作时,她说:"这时我每写完一篇东西,必请我母亲先看,父亲有时也参加点意见。"有时,冰心会跟母亲解释,作品中的"我"和写作的我不是一回事。但是,作为女儿作品的第一读者,冰心的母亲会反问她:难道不是你写的吗?

诚然,作者在写作的过程中,有假想的读者,用文字向假想的读者诉说,无可厚非。可是,如果在"诉说"时,母亲、父亲和家人成为前排观众,她能多大程度地书写真感受、真想法?有学者[4]专门分析了冰心的创作:"当作家明知身边人和读者会将小说人物对号入座时,她写作时、发表以前会不会自我审查?"尤其在她的作品中传递出来的温柔、优雅、纯洁的气息受到读者广泛好评之后,冰心自我内化的"冰心女士"形象更是让她"自我清洁,没有情欲,没有越轨,没有冒犯,在写作过程中,她心中始终有一个'冰心女士',并且要尽力使她完美"。

也许是冰心自己也感受到"冰心女士"的形象对自己写作的束缚，在对子女的教育过程中，"真"是一个非常重要的关键词。女儿吴青在散文《我的妈妈冰心》中这样写道："妈妈对于我们做人有着很深的影响。她要求我们从小就要说真话……在我当了海淀区和北京市人民代表以后，妈妈还总是鼓励我，说如果你是为了人民的利益，那你就不应该怕各种强大的、邪恶的势力，要敢说真话，所以我觉得当时我在当北京市人民代表的时候，投过唯一的弃权票和反对票，是得到妈妈很大的鼓励和支持的。"而晚年的冰心，写作的第一个读者成了女儿——"我以前很少看妈妈的东西，但从80年代以后，我实际上等于是妈妈很多作品的第一个读者。她写完总给我看：'你给我看看这个怎么样？'"

"真"的容颜，是不完美的，却是个人的对比度（Contrast），是身处茫茫人海中的个性化存在，是跳脱"泯然于众人矣"的可能。"真"的表达，是拓宽和延展个体和人类思想边界的唯一手段。如果这些都无法实现，更何谈"真"的行动？所有行动指向的目标，都只能是追逐被现实的价值肯定过的价值，不敢僭越，丧失自由，生命的空间不断被压缩，生活在越来越逼仄的壳里，陷入一种雅斯贝尔斯[5]描述的"受制约的生活"（life in a shell），自由地生活的能力被腐蚀殆尽。

2004年美国出品的电影《面子》[6]，聚焦华人在美国的生活图景，讲述了一对母女在"他人期待"的凝视下，为了面子，丧失了"真"的生活的故事，在全世界的华人圈，引发了强烈的共鸣。"面子"根植于文化的社会心理建构，以他者为镜子，映照出尊严的镜像。为了寻求他人的认同，为了符合他人对本属于自己的"自我价值"的肯定，往往会克制和压抑本心的"真"的愿望，做出"失真"的行为。电影中的母亲年轻时，为了父母的面子，嫁给了自己不爱的人，丈夫死后，又搬回父母家住。可是在48岁那年，她怀孕了，而且没有人知道孩子的父亲是谁。这在华人圈里，成了惊天的劲爆大新闻，引得周围人指指点点、议论纷纷，她的父母觉得一辈子的脸都被她丢尽了，将她赶出家门，48岁的母亲无奈住到当医生的女儿家中，母女相依相扶。而女儿这边，也陷入了与美丽的芭蕾舞者的同性之恋。电影中，有这样一段对话：

> 女儿：妈，我爱你。我也是……同性恋。
>
> 母亲：你怎么可以一口气说这两件事，一面说爱我，一面伤我的心。

已经29岁、事业小有成就的女儿，诚实地面对自己，寻找属于自己的幸福，为什么会伤母亲的心？面子。而母亲自己，也放弃了自己真爱的人，为了父母的面子，不断地去相亲，终于，一个各方面外在条件都很好的男人，愿意接受母亲也接纳孩子。结婚典礼上，女儿在众人面前鼓励母亲，遵从自己的真心、本心，去和爱的人在一起，母亲也终于不顾自己和父母的"面子"，勇敢地直面她那二十几岁的忘年恋人。

导演伍思薇在谈及这部电影的创作时说：其实，只要自己愿意，无论在人生的什么阶段都可以获得重新开始的机会。这部电影是写给母亲的一封情书，想对母亲说，无论何时开始自己的初恋都不会太迟。

"初恋"，即第一次与自己的所爱陷入浪漫之爱。也可以理解为，那个爱的对象，其实可以是真实的自己，是缘于本心、无关他人期待的自己。与自己的"初恋"，随时可以开始，永远都可以美好地发生。

影片中，有生活中最常见到的"催婚"场景，母亲拉着女儿去联谊会，而她自己也被父母逼着走马灯般地见相亲对象。上一代人为什么总是执着于干涉下一代的生活呢？这其中固然有"面子"的因素，但更主要的是，上一代人从他们的人生经验和思考维度中，会得出一条人生路径，期待孩子也能过上大多数人所选择的生活，在他们看来，唯有这样，孩子的人生才更加安全，少有波折。根据大多数人通常的选择，他们制定唯一、可想象的人生剧本，这个剧本有着基本的流程，一套明确的固有线路图，上头罗列着每个人必须随着时间推移而跨域的里程碑：求学、工作、结婚，为人父母，用"正确"的步伐，走在"正确"的人生轨道上，其他可能的人生剧本，少有人走，却多了些被打量和被议论，无法被更多数的人接纳或者好评，都不"安全"，也因此是"错误"的。

这正是存在主义哲学家萨特指出的"自欺"（bad faith），人们往往会因为害怕作出选择之后可能会面对的潜在后果，而错误地认为自己没有选择的自由。

这也是海德格尔论述的"不真诚"（inauthenticity），如果一个人为了保护自己，为了不犯"错误"，而投身于众人的选择中，放弃自己真正的选择，那么，他就进入了"不真诚的"生存状态。两百多年前，英国作家简·奥斯丁在她的《傲慢与偏见》里也讲述了失真会丧失对自我的关注；以外在的目光规约自我是虚荣。她说："一个人可以骄傲而不虚荣。骄傲多指向我们对自己的看法，虚荣则是指向我们想要别人对我们抱有什么看法。"

"真"很难，却是难能可贵的生命之根。不必在意他者的评价，抛弃"不真诚"的"自欺"。在那些少有人走的路上，会有彷徨和寂寞。但唯有寂寞才能使人有所创造，创造出崭新的价值，也只有伴以一定程度的寂寞，某些美好的东西才有可能被最终获得。

在"真"的基础之上的善，才是助益自我也助益他人的善，否则就沦为伪善；在"真"之上的美，才不是虚假的幻象，在"真"基础之上的美育，才有"代宗教"[7]的健全人格、涤荡灵魂、陶冶情感的功能。

"她"力量转化到母亲的角色

心理学和神经生物学领域，有非常多关于"女性大脑在不同情境中处理信息方式"的研究，发现了很多新颖的结论。这些结论向应用领域的普及，能够帮助女性从这些研究和发现中受益，并且利用这些发现更有效地为自身服务。

比如，美国康奈尔大学[8]的一项研究表明，男性和女性的表现在定量结果上并没有差别，但女性往往低估自己的能力和表现，男性却不同，他们会高估自己。因此，女性在自我评估时，完全可以更加自信，努力改变自我认知低于自己实际水平的情况。再比如，女性更容易受"假冒综合征"之害，所谓"假冒综合征"，是觉得自己的能力与自己所处的环境不匹配，产生"我是假冒的吧"的感觉，束手束脚，行为做事严重不自信。有一项研究对一家全球500强企业的招聘作了数据分析后发现，男性在自认为自己有60%的条件符合招聘要求后，就会去投递简历，而女性只有在觉得自己100%符合时才会投简历[9]。认知影响行为的现象，也提示女性应如何让认知助推行为表现，而不是相反。

类似的研究非常多，也非常有趣。对"她"大脑和认知特点的了解，可以帮助母亲，将自己的"她"能力转化为母亲的软实力。

名望、地位、财富，这些硬实力，都如潮汐起伏不定，都如"起高楼、宴宾客"之后"眼见楼塌了"白云苍狗那般不过刹那间。而软实力，却可以伴随一生，长久受益。正如近2 000年前古罗马的哲学家爱比克泰德[10]的名言：

> 决定我幸福的不是我的社会地位，而是我的判断；这些判断是我能够随身携带的东西……只有这些东西才是我自己的，别人无法从我身边拿走。

压力之下的决策。脑科学家运用功能性磁共振成像仪，监测决定人理性决策的大脑控制区域"前额叶皮质"的活动发现，女性在决策时更注重情感、情绪的刻板印象并不成立，女性理性决策力与男性之间没有差别。只是，如果在情境复杂的场域，女性往往希望避免对他人造成伤害，所以，她们做决定的时候更倾向于选择情感路径。那么何时女性会关闭或者遏制情感区域去做决策呢？适度的压力。研究者设置了物理压力，比如将手放入冰水中；还有认知压力，比如在完成决策时，同时从100开始隔6个数倒数（100，94，88…），她们决策时情感反应会让位于理性判断。

因此，适度拥抱压力可以让女性能更关注于目标，并且在目标达成后获得更多正向激励，增加对自身能力的充分认知。这也一定程度上印证了上野千鹤子在纪录片《最后的讲义》中谈到的她的观察：女性缺少的是设立一个个小目标，再一项项实现的自我效能感；缺少这种小小的成功的体验，就很容易被无力感侵袭。

亲社会的大脑加工机制。 研究人员发现大脑的执行官，也就是前额叶皮质的活跃程度决定了信息加工的密度。相较于男性，女性在信息加工过程中，会更多注意到情境、他人意愿和他人反馈等内容，却不会增加信息加工区域的负担。而如果需要男性也注意到这些内容时，男性的前额叶皮质的活跃程度变强。比如，有研究用"撒谎"这个行为来进行脑成像的研究，因为谎言与事实不符，需要前额叶皮质的更多参与，测量结果是，男性体内更多的血液会流向大脑的这个区域，而女性则不会。

在进一步的心理学实验中则发现，女性的谎言多为亲社会型谎言，即照顾他人的利益、他人的感情，令他人感觉良好。而男性多为"自利型谎言"，是为了避免受到惩罚或者为了实现个人利益。"亲社会"，是人际关系中的润滑剂，但大脑信息加工在单位时间内总有上限，女性需要有意识地规避的，是无谓的冗余信息加工。在人际交往、工作推进、培养子女方面，更"自私"一些，表达更直接一些，才能更有效地利用好有限的大脑的信息处理容量。

高依恋水平的提供。女性天生具有的后叶催产素，这种物质对于提升人际间的信任度、促进合作有助力[11]。女性的后叶催产素水平在孕期会达到很高的水平，帮助女性生产、哺乳，建立与孩子最初的亲密关系。有趣的是，在男女最初亲密关系互动中，双方的后叶催产素水平的高低，决定未来亲密关系的持久度；而且，保持多年亲密关系的伴侣，在心理实验情境中，看伴侣的照片时，大脑的活跃度表现与他们与母亲的依恋关系非常接近。长久的有意义的亲密关系，复刻了或者说同构了最初给予他们依赖和滋养的亲密关系。

母亲提供的高水平依恋关系，让人舒适、安全，所以放松、平静，更容易唤起共情。陈独秀[12]在《实庵自传》中这样写道：

我记得家中有一个严厉的祖父，从六岁到八岁都是这位祖父教我读书。我背书背不出，使他生气还是小事，使他最生气，气得怒目切齿，几乎令人可怕的是我无论挨了如何毒打，总一声不哭。他不止一次愤怒而伤感地骂道："这个小东西，将来长大成人，必定是个杀人不眨眼的强盗，真是家门不幸。"我母亲为此不知流了多少眼泪。我见母亲流泪，倒哭出来了。母亲的眼泪，比祖父的板子着实有权威。

因为依恋和安全，年幼的孩子会更放松、更真切地释放情感、表达真情。很多时候，母亲提供的高水平依恋，是比强更强的弱，比严厉更为有力的温柔。

这里只是作了简单列举。科学研究的数据，在统计学上可以支撑相关结论，但在实际生活中，更要关注个体差异，因为，人与人之间的差异很多时候大于两性之间的差异。更不能根据这些数据就粗暴地给男性和女性贴标签。介绍这些研究，是提供一种认识自己的维度，去发现那些本来拥有、却不自知的能力，以及让这些能力如何更有效地在生活中发挥出来，将"她"能力转化到母亲的角色，成为更有力量的母亲。

无论是为人类作出卓越贡献的居里夫人，还是目不识丁的莫言的母亲，她们留给这个世界最大的遗产，都是她们身上春风化雨般的渗透力、影响力，经由她们的孩子，辐射得更为辽远。

软实力，从真出发，走向至善至美。

获得软实力，以了解自身的认知特点为蹊径。

注释：

1 约瑟夫·奈（Joseph Nye），美国著名国际政治学者、哈佛大学肯尼迪政府学院教授，1990年在《对外政策》杂志上发表的题为《软实力》一文中，最早明确提出并阐述了"软实力"，"软实力"随即成为冷战后使用频率极高的一个概念。

2 史蒂夫·马丁（Stephen Martin），哥伦比亚大学行为科学教授；约瑟夫·马克斯（Joseph Marks），伦敦大学博士。

3 莫言的散文《母亲》，发表于2008年的《人民日报》。4年以后的2012年，莫言获得诺贝尔文学奖。

4 北京师范大学中文系教授张莉在《中国现代女性写作的发生（1898—1925）》《我看见无数的她》中，都有关于冰心创作的论述。

5 雅斯贝尔斯（Jaspers），德国存在主义哲学家、神学家、精神病学家，他强调每个人存在的独特和自由性。

6 电影《面子》（Saving Face），美国出品、华裔导演拍摄制作的电影，第42届金马奖观众投票最佳电影。

7 1917年，蔡元培先生发表演讲《以美育代宗教说》，提出用美育来替代宗教中的感情培育部分，以美育来陶养人的情感，从而培养人的高尚品格。

8 相关研究参见《人格和社会心理学学刊》2003年第5期。

9 该项研究可参见崔西·帕克安姆·艾洛维（Tracy Packlam Alloway）的作品《她能力——探寻女性思维的真相》。崔西现为美国北佛罗里达大学教授，心理学家、作家，出版有关大脑与记忆的著作15本，曾与多家世界500强企业分享研究成果。

10 爱比克泰德（Epictetus），古罗马最著名的哲学家之一。

11 南加州大学的神经生物学家保尔·萨克，2011年的TED演讲"信任，道德——后叶催产素？"中揭示了后叶催产素如何提升人与人之间的信任度和合作度。

12 陈独秀，中国新文化运动的倡导者、发起者和主要旗手。

Chapter 10

母亲的使命完成——退出的能力

所谓成长,皆为告别。

离开母体,离开共有的空间,离开共度的时间;

不再照料,不靠扶助,无须经济的支持。

看着背影,作漫长的告别。

每说一声再见,都是一次从生命中的剥离;

每一次剥离,都是使命完成的悲欣交集。

因为再见，所以成长

每一年的开学季，在中国的各大机场的国际出发大厅，送别的场景总是那么相似——父母目送孩子走进安检口，孩子的脚步是欢欣的、轻快的，身后是望着孩子背影的父母，眼见孩子汇入人流之中，消失在拐角尽头，他们目光晶莹甚至泪流满面，孩子却不再回头，热切地注视远方的愿景，迈向崭新的生活。

近些年，留学生的年龄有逐渐低龄化的趋势，出国读高中，甚至小学毕业就出国读初中的孩子也开始逐渐多了起来。2016年中国的热播电视剧《小别离》，聚焦的就是低龄留学的"小别离"家庭里的故事，成为年度现象级话题剧王。机场送别的场景，更是戳中大众泪点。

一株幼苗或者小树，被连根拔起，根植在异乡的土地，开始独立面对学习和生活。即便是沟通渠道已经非常便捷，实时的视频沟通可以让两代人保持连接，但是，学习、社交、生活细节的应对，父母都难以干预和辅助，孩子必须迅速成长。2017年，一则某银行的"留学生信用卡"的广告片《世界再大，大不过一盘番茄炒蛋》，获得极高播放量，也引发广泛热议。广告中，一位留学生准备向异国朋友展示"中华料理"，遇到难题，于是发微信向母亲请教番茄炒蛋的做法，是先放油还是先放蛋？西红柿什么时候放？母亲于是立即录制烹饪视频发送给孩子。这位留学生照着母亲的视频做了一盘美味的番茄炒蛋，得到同学的好评，在享用美食之际，他被问及此地和中国的时差，他才恍然大悟，母亲那边是午夜，也就是说母亲在刚睡下不久就被儿子的视频呼唤起来，录制了视频。

观众感动之余，也在质疑，这个留学生独立处理生活的能力这么差吗？而且，难道还需要别人提醒才想起来自己和母亲之间的时差？美食制作的网站和博主那么多，需要把睡梦中的母亲叫醒来录制视频？母亲让人感动也让人揪心，这样的关爱方式真的有助于孩子成长？分离和告别，本应该是提供成长的契机，遗憾的是在这则广告里却未能触发孩子真正的成长。

其实，"告别与成长"的主题，在两代人相同时空的共处时，也渗透到日常点滴之中。而异国留学的孩子与家长的相处模式，将告别家庭、独立生活的场景更醒目地表达出来，极致化地展示了告别与成长的情境。

你看过谁的背影？你的背影被谁看到？

1925 年，朱自清的笔下，他看到"父亲肥胖的、青布棉袍黑布马褂的背影"。细读《背影》的文本，会在父子间的脉脉温情之下，感受到暗潮汹涌。开篇"我与父亲不相见已二年余了"，即便因为求学分隔两地，父子两年多未相见，也是让人心生疑窦。此次见面是因为朱自清祖母过世，如果没有亲人故去，父子二人的聚首又会在几年后呢？再细看，父亲"差使也交卸了"，变卖典质方能还上亏空。二人相见的氛围很是压抑，"一半为了丧事，一半为了父亲赋闲"，也就是说，父亲失去了谋生的差使，奔丧之后，还要到南京谋事，继续找工作。送儿子到车站，上演了中国现代文学中关于亲情最为动人的一幕——父亲穿过铁道、爬过月台，去给儿子买橘子。这个举动化解了父子之间历时两年多、难以言说的疏离。

朱自清在文末像侦探小说家一般把谜底展示给读者："近几年来，父亲和我都是东奔西走，家中光景是一日不如一日。他少年出外谋生，独力支持，做了许多大事。哪知老境却如此颓唐！他触目伤怀，自然情不能自已。情郁于中，自然要发之于外；家庭琐屑便往往触他之怒。他待我渐渐不同往日。但最近两年不见，他终于忘却我的不好……"原来，父亲老境颓唐，家景没落，情绪状态很差，愤懑也殃及孩子，待孩子的方式有了很大变化，朱自清自然感受得到，只是他隐笔未写明，写出来的是父亲忘却了孩子的不好。送行、买橘子，是父亲展示出来的爱意，泪光中朱自清看着父亲的背影，接应住了父亲的情意，也忘却了父亲"待我渐渐不同往日"，父子终于和解。

史铁生，21 岁起就双腿瘫痪，与轮椅为伴。在他著名的散文《秋天的怀念》里，记述了身心最为困顿的时光和母亲相处的故事。最初坐上轮椅，他终日暴怒无常，窗外北归的雁阵，房间里甜美的歌声，都让他情绪暴躁，摔东西、砸东西，把家里弄得不得安宁。母亲总是偷偷听着动静，等一切平复再进屋整理。她想推着儿子出去走走，看看北海盛开的鲜花，即便被无数次拒绝，她也还锲而不舍地向儿子提议，终于有一天，儿子同意了，明天去北海看花。母亲"高兴得一会坐下，一会站起"，嘴上还念叨着，要去哪里吃东西，再去哪里转转，并且回忆她曾经带着童年的史铁生去北海，他看着杨花以为是毛毛虫，追着跑，又是踩。旋即，敏感的母亲意识到"跑"和"踩"对于轮椅上的儿子太过残忍，赶忙"悄悄出去了"。谁知，这一出去，便是诀别。

明天会来，母亲却没有了明天。其实母亲罹患重病，一直瞒着轮椅上的儿子。"悄悄出去了"，是母亲给史铁生留下的最后的人生画面。这是完全没有准备的、最为仓促的告别。第二年，史铁生的妹妹推着哥哥的轮椅，二人去看北海的花。母亲已经不在，但两个年轻人都懂得了母亲没来得及说的话：要好好儿活……

台湾作家龙应台以身为母亲的人生经历写作了《孩子你慢慢来》和《亲爱的安德烈》之后，在2001年出版了散文集《目送》，她看到的是，一次也不回头的孩子的背影：

华安上小学第一天，我和他手牵着手，穿过好几条街，到维多利亚小学……很多很多的孩子，在操场上等候上课的第一声铃响。小小的手，圈在爸爸的、妈妈的手心里，怯怯的眼神，打量着周遭。他们是幼儿园的毕业生，但是他们还不知道一个定律：一件事情的毕业，永远是另一件事情的开启。

我看着他瘦小的背影消失在门里。

十六岁，他到美国做交换生一年。我送他到机场。告别时，照例拥抱，我的头只能贴到他的胸口，好像抱住了长颈鹿的脚。他很明显地在勉强忍受母亲的深情。

他在长长的行列里，等候护照检验；我就站在外面，用眼睛跟着他的背影一寸一寸往前挪。终于轮到他，在海关窗口停留片刻，然后拿回护照，闪入一扇门，倏忽不见。

我一直在等候，等候他消失前的回头一瞥。但是他没有，一次都没有。

——《目送》

朱自清的告别，是家庭变故中，不知如何接应父亲情绪、也曾"不好"的儿子，在站台上与父亲无言的和解；史铁生的告别，是对生命的不舍，更是自我的涅槃和新生；龙应台笔下的告别和目送，与很多母亲的生命体验相通，一直在母亲们的记忆里，只是未像她这样诉诸笔端。

因为这些告别，生命翻开了新的一页。

所谓成长，皆为告别。离开母体，离开共有的空间，离开共度的时间；不再照料，不靠扶助，无须经济的支持。看着背影，作漫长的告别。每说一声再见，都是一次从生命中的剥离；每一次剥离，都是使命完成的悲欣交集。

告别的未完成和巨婴的产生

该放手的时候，就要放手，到了告别的时刻，再不舍也要告别。放手，是让孩子独立完成属于他的人生任务；告别，是母亲从应该由孩子独立完成的人生任务中退出。如果告别未完成，带来的后果之一，就是巨婴的产生。

"巨婴"，顾名思义，就是身体已经成长为成年人的样子，心理还停留在婴儿的水平。"巨"相对于"婴"，是生理的成熟度已经远远超过心理的成熟度，"婴"也相对于"巨"，与低幼的心理和行为状态相比，身体确已太过巨大了。巨婴，生活缺乏自理能力、学习能力丧失、融入社会失败、对未来拒绝规划，是一种行为和心理的"去成人化"。看着他们，仿佛在看着具有成年人躯体的婴儿，他们像婴儿一样行为处事，以自我为中心，缺乏规则意识，没有道德约束，一旦出现超乎自己预期的情况，就会情绪失控，做出过激的非理性行为。

2018年，上海电视台报道了一则新闻——48岁"啃老"海归宅家7年，82岁老母亲患尿毒症身心俱疲状告儿子。丁阿婆的大儿子48岁，同济大学本科毕业，曾经短暂工作过，后赴加拿大留学，获得滑铁卢大学工程硕士学位。2012年学成归国后的6年的时间里，一直待在家中不工作，晚上玩电脑，白天睡觉，靠老母亲每月3 500元的退休金度日。82岁的丁阿婆老伴离世，自己又罹患尿毒症，不但自己得不到照料，还得照顾48岁仍然"啃老"的儿子。身心俱疲之下，她将儿子告上法庭，状告儿子不承担赡养义务，想以此来逼迫儿子外出工作，但最终因儿子没有可供执行的财产而无奈选择撤诉。后续，儿子的状况是否有改变，老母亲的生活是不是能够得到儿子的照料，不得而知。但是可以想见，儿子能够学业有成回到母亲身边，母亲一定也曾骄傲自豪过，也一定曾期待儿子未来可以有所作为，然而这6年的每一天，她也一定都是在失望中度过。丁阿婆的儿子的状况并非个案，类似的状况也时常在新闻中出现[1]。

如果细分巨婴的类型，可以分为"自立能力缺失"的巨婴和"情感过度依赖"的巨婴。

在日本动画片《千与千寻》里，坊宝宝就是一个自立能力极度缺失的巨婴，他的动画形象也正是身材高大的婴儿模样，穿一件婴儿才会穿的红色肚兜，在妈妈汤婆婆的溺爱下长大。为了把孩子一直留在身边，汤婆婆告诉儿子，外面有细菌，坊宝宝就终日生活在自己的房间里不出门，路都不太会走。为了适应孩子的状态，母亲还弄出来人造的太阳和月亮，买来满屋子的玩具和软枕，让孩子更舒服地埋在软枕里，不用见人，不用走路。他以哭闹表达诉求，只要一哭，母亲就满足他所有的要求，他对人无礼、以自我为中心。没有他人照料，他就无法独立生活，是典型的"自立能力缺失"的巨婴。

后来，他被变成老鼠，跟着主人公千寻出去旅行，第一次离开了他的房间，离开了母亲。他开始自己走路，开始知道外面的世界虽然有细菌，但也不是不能生存，开始劳作，开始学习跟他人打交道。再次回到汤婆婆身边时，母亲惊讶地发现，坊宝宝不哭不闹，情绪稳定，可以干活做事，懂得了人与人之间交往的礼仪。是时间、经历和身边人的帮助才实现的吗？当然是，但，首先是母亲的放手和退出，才让一个自立能力缺失的巨婴开始"成人"，并且最终成为一个独立的人。

"情感过度依赖"的巨婴，生活可以自理，也会有一份甚至还不错的工作，但是，情感上无法独立，还停留在婴孩的水平。D. H. 劳伦斯（David Herbert Lawrence）[2] 的半自传小说《儿子与情人》里的保罗，就是这样一个情感过度依赖型的巨婴，而他的巨婴一般的情感状态，有自身身体孱弱和情感懦弱的原因，更主要的还是他有一个有极度占有欲和控制欲的母亲莫代尔太太。

保罗的父亲性格暴虐，莫代尔太太把全部的希望都寄托在懂事有为的大儿子威廉身上，但威廉不幸早逝，小儿子保罗就成了母亲倾注所有情感的载体。体弱的保罗在经历了一场大病之后，母亲更是对他关怀备至，保罗也更加依赖母亲了，"整天像影子一样跟在母亲屁股后面"。同时，母亲对如影随形的保罗也更加关注，"她感到，保罗走到哪里，她的灵魂就会跟到哪里，保罗不管做什么事，她都会从精神上支持他，如同时刻准备着给他传递工具一样"。

莫代尔太太和儿子的互动方式，可以说是对弗洛姆关于母亲的"自恋"作了最为全面且直观的印证：

> 因为母亲一直把孩子看作自身的一部分，所以母亲对孩子的爱和痴情很可能是满足自恋的一种途径。另外一个根源也许是母亲的权力欲和占有欲。一个软弱无能、完全服从母亲的孩子，不言而喻是一个专制并有占有欲的母亲的自然对象。
>
> ——弗洛姆《爱的艺术》

母亲莫代尔太太全方位地介入儿子的生活，她敦促保罗努力进入上流社会，而保罗的所有努力也是为了得到母亲的认可。儿子开始恋爱，她也全程干预，并且千方百计地阻挠，不想把儿子的爱分给另外的人。她把保罗生活中的女性当作假想敌："她可不是个寻常的女人，不能让我和她一起爱我的儿子。她要把他独吞下去，要拉出他的心，一口吞下，一丝一毫也不留，就连给自己也不留。他永远也成不了一个自强自立的男子汉——她会把他吸干的。"殊不知，让儿子永远成不了自强自立的男子汉的人，正是她本人。而保罗一路走来，在母亲的畸形的庇护下，也认为"他是母亲的命根子，母亲毕竟对他最重要，只有母亲对他才是至高无上的"。所以，在与两个女性分别经历了柏拉图式的精神恋爱和肉欲的激情之爱后，他还是回到了母亲身边，他觉得，只有母亲才是实实在在的，永远不会消失，其他人都是虚无缥缈的存在。

其实，保罗还是有希望过上一个普通且幸福的生活的，但他优柔寡断，甚至是懦弱、敏感、羞怯，他无法坚定地走出母亲的阴影，坚定地告别与母亲几乎完全重合的生活，坚定地走向自己的幸福。母亲死后，他的整个精神世界坍塌，他此后的情感和精神世界是否能够独立？作家劳伦斯开放了一种可能——"他猛一转身，朝那城市的金色磷光走去。"

不完成从孩子生活和情感世界的退出，不作告别，或者告别未完成，都无法让孩子实现生理和心理同步发展的平衡和协调，无从真正成人。劳伦斯在后来的创作中曾经说过："说到底，各个人都是孤立存在的，是一个赤裸裸的独立存在，也就是独立的自我，完整的自我。"

真不是想退就能退——母亲角色的退出之难

孩子成为独立的个体，靠自己的力量生存、获得温饱，并且发展，当然是每个母亲的期待。如果退出和告别可以实现这些期待，那就适时退出，有何不可？但是，现实的情况是，真不是想退就能退。

在英国，一直有"父母银行"（Bank of Mum & Dad）的说法，特指千禧一代必须靠跟父母借钱才能买上人生的第一套房子。

2023年2月，英国智库财政研究所（Institute for Fiscal Studies）[3]发布了一个最新的数据，英国家长每年以礼物或非正式借款的形式转给子女的钱财约达170亿英镑。此类家长大多在50岁以上，他们的子女大多为20多岁或30岁出头的成年人。年轻人用于买房或装修的资金，平均有2万英镑来自父母支持。

在中国，年轻人买房，掏空父母、祖父母、外祖父母的六个钱包的现象也屡见不鲜。在高昂的房价面前，刚刚工作几年的年轻人确实很难有足够的经济实力。从"父母银行"里取钱，虽然暂时可以增强购买力、改善生活，但从长期来看，两代人之间经济上的捆绑，也难免产生生活和情感上的束缚。

即便不买房，"啃老"现象也让上一代非常难以从孩子的生活中退出。啃老族（NEET）概念源于1999年英国工党政府"受社会排斥学生辅导小组"的一份调查报告《BRIDGING THE GAP》，"NEET"是"not in education, employment or training"的首字母缩写而成，指的是义务教育结束后，不升学、不就业、不参加就业辅导的16—18岁的年轻族群。近些年，"啃老族"已经成为全球难题，而且年龄有逐渐上升的趋势。日本内阁府2017年《青少年白皮书》的数据显示，啃老族在年龄层分布上，20—24岁、25—29岁、30—34岁这三个年龄段的青年人占了很大的比例。以2016年为例，分别为25%、28%、30%，占到了当年啃老族总数的83%之多。

根据欧盟数据统计局（Eurostat）[4]的报告，2013年希腊、意大利和保加利亚的啃老族比率超过了20%。同时，欧洲改善生活和工作条件基金会（Eurofound）[5]的相关研究指出，啃老族比率的变化与青年失业率不相上下，因为在2013年，整个欧盟成员国23.5%的年轻人（年龄介于15—24岁）处于失业状态，这是欧盟历史上失业率最高的纪录。失业，固然有个人就业主动性不强、个人成就欲望低迷和社交能力低下等个人因素，但欧洲改善生活和工作条件基金会的研究也发现，教育与劳动力市场不匹配的情况已经成为结构性障碍。因此"啃老族"被定为公共政策议题。

"啃老"，不仅有经济上对上一代的依赖，还有对"隔代抚养"这种无偿劳动的盘剥。孩子毕业、就业、组建家庭，但随着下一代的出生，父母常常需要再次介入孩子的生活，帮助他们照料子女。隔代抚养，使得三代人不得不绑定在一起，其间产生育儿矛盾，引发家庭冲突也很常见。

育娲人口研究在2022年2月发布的《中国生育成本报告》[6]提出，未满3岁孩子的托儿服务严重缺乏，0—3岁婴幼儿在我国各类托幼机构的入托率仅为4%。如果能将入托率提高到50%左右，那么生育率预估将能提高10%左右，每年多生100万个孩子，这需要兴建至少十万个幼托中心。按照0—3岁有4 000万儿童计算，每个儿童补贴20 000元的营运费用，每年大概需要4 000亿元左右投入。

那么，在没有投入这些费用、没有兴建这些托幼中心之前，没有入托的96%的婴幼儿，他们的养育和照护只能靠家庭承担，如果经济实力承担不了市场外包的相应费用，隔代的无偿养育劳动越来越在家庭内部发生，也是权宜之计。同时，如果，双职工家庭兼顾育儿和工作，又没有父母的无偿"隔代养育"作为辅助支持，最先且最高概率影响到的，必然是母亲。

母亲在家庭教育中，培养孩子的独立意识、责任意识和抗挫折能力，适当的时候逐步退出孩子的生活，是理想状态。不能否认，经济社会发展中的结构性问题，也同样属于公共政策制定的议题——教育改革优化育人模式，职业教育更好地匹配劳动力市场等问题，是需要全社会共同关注的。

有时治愈，常常帮助，总是安慰——母亲角色的完成进行时

剪断脐带，是孩子与母亲的第一次分离，这次分离诞生了一个崭新的生命体。然而，正如弗洛姆所说的："但是孩子必须长大，必须脱离母体和母亲的乳房。必须成为一个完整的、独立的生命。母亲真正的本质在于关心孩子的成长，这也就意味着，关心母亲和孩子的分离。"

与分离相对应的是"依恋"。亲子依恋是个体最早建立的与他者的联结，并且会是一生中最持久、最紧密的联结之一。依恋是情感的相互联结，而非人身的、经济的，是精神、心理的依附和依赖。依恋，可以提供确定性和安全感，在与他者的关系中提供生活的意义，丰富个体经验，为个体确立目标，因此，健康的"分离"是帮助孩子**一点一点地、逐步逐步地**不再依赖和依附，同时，保持彼此支持和扶助的"依恋"关系。这里的"一点一点地、逐步逐步地"，是方向性的步骤，具体实施因人而异。但总的来说，太慢，会像前文提到的那样催生"巨婴"，太快或者突然发生，也会对孩子造成巨大的伤害。

英国作家麦克尤恩（McEwan）[7]的短篇小说《与橱中人的

对话》，用第一人称的叙述视角，讲述了母子关系的"分离"与"依恋"出现问题后，对"我"造成的毁灭性创伤。

母亲白天晚上都抱着"我"，"我"在母亲的控制下生活了17年，她"一再重复我生命之中的头两年"。母子的日常生活细节，简直惊悚——母亲一直喂"我"玉米糊而且不让"我"正常吃饭，导致"我"落下了胃病；在吃饭时母亲坚持给"我"系围兜，即使"我"已经长得比母亲还高两英寸（1英寸=2.54厘米）；母亲担心"我"吃饭时坐不稳，强迫我坐婴儿凳，即使"我"已经14岁了，她还坚持让"我"睡婴儿摇床或者带护栏的床，致使"我"在普通床上无法安心睡觉。

而"我"逐渐在心理上形成了对母亲的依附，为了维持住这种依附，"我"会使用极端的甚至自我伤害的方式求得母亲的关注。

如果这样的状态持续下去，"我"会成长为前文提到的"坊宝宝"和"保罗"的合体版巨婴，缺乏独立生活能力，也无法实现精神和心理的自立。但是在"我"17岁这年，母亲的世界里出现了一个开修车行的强壮男人，她毫不犹豫地转身奔向那个男人，并且开始厌倦"我"了。为了不让那个人看见"我"这个老婴儿，母亲开始不断地打"我"，似乎逼着"我"在两个月里完成一生的成长，强迫"我"瞬间变成一个独立自主的人。"我开始犯头痛病。然后就是那一次次抽风，特别是她准备好要出门的那些夜晚。我的腿和胳膊完全不听使唤，舌头也自作主张，像是长在别人身上。真是一场噩梦。一切都变得像地狱一样黑暗。醒来时，妈妈已经走了，我一身屎尿躺在黑屋子里。"于是，"我"开始期待重新回到母亲的子宫，最后，"我"在阁楼的衣橱里放进婴儿毯，关上橱门，坐在黑暗之中，成了一个"橱中人"。

健康的依恋是分离的基础。无论是漠视对方需求的**回避型依恋**，还是互动模式阴晴不定的**矛盾—焦虑型依恋**，抑或是一方强加于另一方的**控制型依恋，都是不健康的**。在健康的依恋中，彼此都能够感知和回应对方的需求，双方都获得安全感和情感的确认感。儿童成长过程中，带着这种确定性和安全感，过了婴儿期的孩子可以试着迈开步子，走向外部世界。健康的依恋也有助于他们形成与他人的互动模板，提升交往技能，并且能把自己感受到的安全和确认，投射到他人身上，构建积极的相处模式。

因此，重要的是建立健康的依恋关系，而非越俎代庖、事事为孩子亲力亲为，更不能在"保护孩子不受伤害"的名义下，剥夺孩子挑战自己甚至失败的机会。2018美国的两位学者[8]联手写作了一本书 *The Coddling of the American Mind: How Good Intentions and Bad Ideas Are Setting Up a Generation for Failure*，直译就是——被宠坏的美国思维：好意图和坏主意是如何让一代人走向失败的。2020年，生活·读书·新知三联书店引进并且翻译出版了中文版，标题意译为《娇惯的心灵——钢铁是怎么没有炼成的》，这个译名着实令人击节赞叹——很多时候钢铁没炼成，不是因为不努力，而是过度努力了。书中就提到，为了安全，很多时候已经接近不容置疑的"安全主义"了：

> 安全主义把安全请上了神坛——着迷于消除威胁，不论是真实的，还是臆想的，最终发展到不可做任何妥协的地步，即便有其他实用和道德因素的要求，大人们也不愿做合理的取舍。安全主义是对年轻人的一种剥夺，他们因此失去的，恰是反脆弱的心灵所需的经验。越保护，越脆弱，越焦虑，动辄视自己为受害者。
>
> ——《娇惯的心灵——钢铁是怎么没有炼成的》

的确，与其为孩子铺好路，不如让孩子学会如何走好路。过度保护和过度教育，可能会适得其反，让孩子成为"脆弱的一代"。这不能简单归咎于父母和教育人士，更不能归咎于"娇惯"的孩子，全社会应共同反思和努力，做出改变。

孩子成长过程中，会有很多难忘的"独立完成"的瞬间，每一个瞬间，都会深深印刻在母亲的记忆中——母亲离开孩子的视线，他或她第一次不哭不闹了，第一次自己吃饭、穿衣了；他或她独自背起书包上学了，不需要监督就能按时完成作业了……看似微小的无数个"独立完成"，就是母亲角色的**"完成时态"**。但是，母亲带给孩子的安全感和确定感，是母亲角色永恒的**"进行时态"**，是即便不伸手帮忙，他或她一回头就在的笃定；是即便母亲已经离开这个世界，他或她一想起就有力量的安定和安慰。

母亲角色的"完成进行时"，与美国医生特鲁多（Trudeau）的墓志铭异曲同工：To cure, sometimes; to relieve, often; to comfort, always——有时，去治愈；常常，去帮助；总是，去安慰。

母亲的人生减去孩子，等于……

被称为"电影天皇"的日本导演黑泽明曾经说过：减去电影，我的人生等于零。他把自己的一生都交给了电影，电影是他生命的主轴，是他生命的全部，是他最为珍视的价值。

那么，母亲呢？如果也想一下这个问题，母亲的人生减去孩子，还有什么？等于什么？

孩子，因母亲而来；这个世界的所有人，都依赖母体的孕育，被降生到人间。孩子的到来，赋予了女性"母亲"的角色，二者在"关系"中一同成长，一同在生命中前行。法国思想家露西·伊利格瑞（Luce Irigaray）[9]无限深情地咏叹："而我希望，母亲啊，在赐予我生命的同时，你还活着。"活着，孕育和成就孩子的同时，活着，活出减去孩子也璀璨的生命样貌。

分离和告别，让母亲和孩子的生命都得以独立，得以完整。勇敢地说再见，哪怕身已远，但，情相牵。《千与千寻》的结尾，白龙告别已经"长大成人"的千寻：我只能送你到这里了，剩下的路你要自己走，不要回头。

看着孩子远去的背影，才会蓦然发现自己也曾经被这样注视着，被目送着离开。那时，欢欣雀跃地奔向远方的憧憬盖过一切，哪里顾得上背后母亲殷殷的目光和莹莹的泪滴。母亲的"心力"，隐藏在所有母亲的身上，也正是在目送的那一刻，心力的传承，被真真切切地感知到，也注定被一代一代传递下去。

注释：

1　2012年3月，《沈阳日报》以"八成海归成啃老族：高不成低不就成主因"为题，报道了留学澳大利亚归来的女生的故事；2019年9月，《中国青年报》以"海归啃老10年，巨婴让谁尴尬"聚焦江苏留英男子。

2　D. H. 劳伦斯（David Herbert Lawrence），20世纪英国著名小说家。成名作为半自传体小说《儿子与情人》，后世的研究认为，作品中的人物设置和故事情节都源于劳伦斯本人的早期经历。

3 英国智库财政研究所（Institute for Fiscal Studies），是英国领先的独立经济学研究机构，旨在帮助政策制定者以及相关的监管机构了解政策决定对个人、家庭和企业的影响。2023 年 2 月 13 日，该研究所发布了《父母银行加剧了个体成年早期的经济不平等》。

4 欧盟数据统计局（Eurostat），是欧盟数据统计机构，在向政策制定者、企业、研究人员和广大公众提供高质量欧洲统计数据方面发挥了关键作用。

5 欧洲改善生活和工作条件基金会（Eurofound），是一个欧盟三方机构，其作用是提供相关研究以协助制定更好的社会、就业和工作政策。该基金会成立于 1975 年。

6 《中国生育成本报告》，育娲人口研究 2022 年 2 月发布。专家团队：梁建章、任泽平、黄文政、何亚福。

7 麦克尤恩（McEwan），英国文坛当前最具影响力的作家之一。作品多为短篇小说，擅长以细腻、犀利而又疏冷的文笔勾勒现代人内在的种种不安和恐惧。他因处女作短篇小说集《最初的爱情，最后的仪式》(*First Love, Last Rites*) 一举成名，《与橱中人的对话》是这部小说集里 8 个短篇中的一篇。

8 格雷格·卢金诺夫（Greg Lukianoff），美国个人教育权利基金会（FIRE）主席，兼任首席执行官。乔纳森·海特（Jonathan Haidt），纽约大学斯特恩商学院教授。

9 露西·伊利格瑞（Luce Irigaray），法国著名理论家，曾分别获哲学、心理学和语言学三个博士学位。在哲学、心理学、语言学、社会学、政治学等领域都有深入而精到的研究。主要著作有《他者女人的窥镜》《非一之性》《东西方之间》等。

后 记

我是在攻读博士学位的时候意外怀孕的。那时学业压力很大，我从中文系跨专业到心理学系读书，基础薄弱，每一分钟都恨不得掰成很多瓣使用，孩子的到来，着实不是好的时机。纠结中，给母亲打长途电话，她说了一句可以献给所有女孩的箴言：女人的生命中，没有任何一段时间是专门给你用来生孩子的。

当心态趋于和缓，我开始能坦然应对身体和生活的变化，学业也没有因为怀孕受到影响，修学分、做论文也还算顺利。女儿降生后，坐月子期间不能看书、不能下楼，是最为煎熬的一个月。我记得非常真切，孩子满月，我走出家门的第一件事就是冲到书店，啊，我的生活终于回来了。书架上，赫然看到同寝室的女同学出了一本新书。顿时萌生一种感觉，仿佛在人生的跑道上，我突然负重前行，骤然步伐缓慢甚至原地踏步，而身边的人已然超了我好多圈。又是母亲劝慰了我：只要努力，你总有一天也可以出书啊。自此，写一本书的愿望，在我心底种下了一颗种子。只是没想到，这一延宕，就是廿载春秋。

确定我的第一本书以"母亲"为主题，源于我对生活的观察、体验和思考。

1927年鲁迅先生在发表的《小杂感》中讲道："女人的天性中有母性，有女儿性；无妻性。妻性是逼成的……"他所说的天性中就有的"母性"，是母亲对孩子的本能的保护欲，是舐犊情深的天性。必须看到，随着女性解放，女性与男性一样进入社会生活中，获得经济上的独立，"为母则刚"的要求，家庭生活、育儿责任的天然"照料者"的定位，则属于被"逼"出来的母性，是整个社会对母亲的规训和建构。是时候给母亲松绑了，太累了，就歇一歇，想一想，为什么这么累？哪些是被欺骗、被榨取的？哪些是自我内化的规约所达成的自欺？

关于"母亲"，关于女性成长，是我最有切肤之感、最有表达欲望的主题。而一旦确立了这个主题，我曾经的心理学专业训练、中文系的文学阅读积累、媒体工作对社会生活的观察和现在从事的影视剧行业的大量阅片，在探讨这个主题的过程中，就给予了助力。虽然延宕廿载，回过头看，都是在为这本书作准备。

从2022年国庆节开始动笔，工作之余的写作，每天少则几十字、几百字，多则千字，缓慢向前推进，其间，只有除夕这天没有坐在书桌前。曾经数度觉得自己写不下去了，但好在没有停顿，总归还是到达了终点。也曾经自我怀疑，纸质书越来越式微，在短视频时代，看一部电影、刷一部长剧的耐心，常常都被切割成无数碎片，会有多少读者可以完整阅读这本书呢？但，就像我在书中援引的蔡志忠对于时间的理解：如果专注于一件事，整块地使用时间，时间的价值会几何级数增加，反之，时间被无限切分，就会变得一钱不值。时间是生命中最平等的恒定，每个人的一天都是24小时，但如何使用，决定生命的价值以怎样的面貌被具象、被沉淀。一本书的写作，是时间的化零为整，当最后一个句点被敲出，生命凝结成了一种新的存在，这个过程本身是对碎片化生存的一种古典主义的抵抗。我尝试了，我得到了治愈。

感谢鲍鹏山老师为我倾情作序，承蒙于他的厚爱，忐忑于他的谬赞。与鲍鹏山老师相识多年，他一直如和畅之惠风，照拂我，感染我，激励我。书名《我们现在怎样做母亲》也是得到了他的建议——鲁迅先生有一篇《现在我们怎样做父亲》，可以作为呼应。坦白地说，我也曾经想过将此化用为书名，要知道，鲁迅先生的这篇文章，从父亲的角色出发，釜底抽薪般地抨击和批判了父权制，期冀放孩子们"到宽阔光明的地方去，此后幸福的度日，合理的做人"。我的这本小书，哪里敢跨越百年的时光，去做这样的呼应？但，仔细想来，本书的初衷，也正是想提出这样一个问题，向所有人敞开，让每位母亲、每个女性，以及整个社会去思考去讨论。鲍老师在我书写的字里行间，看到了我的初心，着实令我有雷轰电掣之感。

感谢我二十几年的挚友徐丽遐，书稿完成，还未校对，打印出第一稿，我就迫不及待地送到她手上，因为，是她多年对我的"谜之肯定"，让我有信心去圆梦、去体验、去拓展生命的边界和可能。

感谢我的父亲杨德录先生。感谢我的母亲杨秀琴，她是我最近距离、最长时间接触到的一位母亲。这本书阐释的十个层面的"母之力"，在她身上完美无痕地融合。我的写作过程，从某种意义上说，就是对她身上浑然一体的力量作了条分缕析的拆解和呈现。

感谢我的先生孙敬亭博士，他是女性主义最好的践行者，他尊重女性，从未以"妻子""母亲"的角色要求我必须做什么，我们更像并肩作战的战友，在家务、育儿方面，一直是他承担更多。感谢我的科学家妹妹、剑桥大学毕业的杨忠强博士，"藤校"读书的女朋友孙丽娃，她们是我的榜样，并非因为她们身上的名校光环，而是在她们身上，我常常能够感受到最为宝贵的东西——坚韧、进取的品格，饱满、鲜活的生命状态。

在本书的出版过程中，我得遇知音一般的东方出版中心的刘佩英副总编辑，她对书稿的建议令我受益良多。

我们，每一位女性，以这本书提出的问题、提供的视角，作为基石和起点，一起携手成长，成为有力量的母亲。

杨金鑫

2023年10月于上海